30802

FAUNE ORNITHOLOGIQUE

DE

LA SICILE.

———

Extrait des Mémoires de l'Académie royale de Metz, année 1842 1843.

Le seul moyen d'avancer l'ornithologie
historique serait de faire l'histoire parti-
culière des oiseaux de chaque pays..... ...
Or, qui ne voit que cet ouvrage ne peut
être que le produit du temps? Quand y
aura-t-il des observateurs qui nous ren-
dront compte de ce que font nos hirondelles
au Sénégal et nos cailles en Barbarie?

(BUFFON, *ois.*, t. 1.)

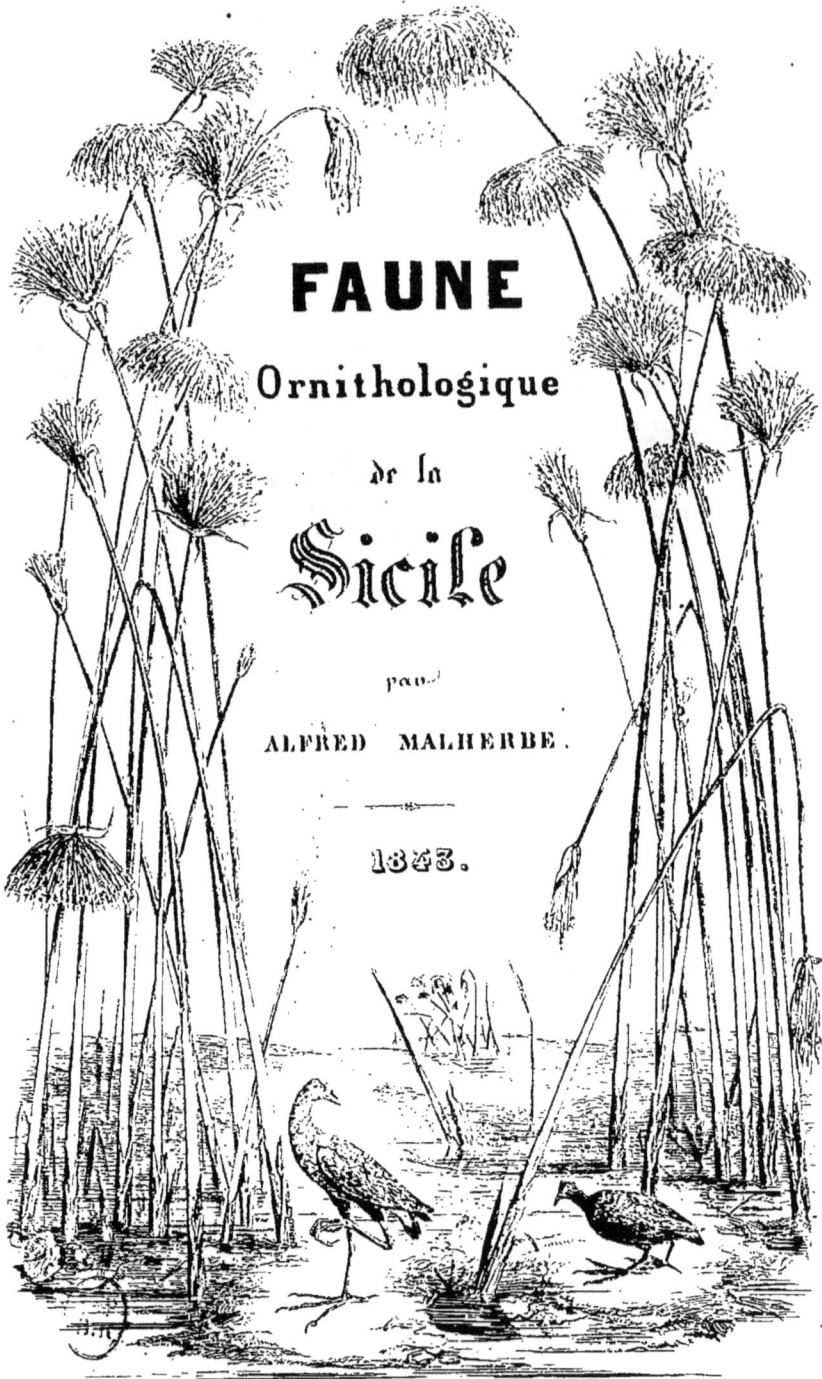

FAUNE

Ornithologique

de la

𝔖icile

par

ALFRED MALHERBE.

1843.

FAUNE
ORNITHOLOGIQUE

DE

LA SICILE,

AVEC DES OBSERVATIONS SUR L'*HABITAT* OU L'APPARITION
DES OISEAUX DE CETTE ILE, SOIT DANS LE RESTE DE
L'EUROPE, SOIT DANS LE NORD DE L'AFRIQUE ;

PRÉCÉDÉE D'UN APERÇU DE L'HISTOIRE POLITIQUE, SCIENTIFIQUE,
LITTÉRAIRE ET ARTISTIQUE DE LA SICILE,

PAR

Alfred MALHERBE (de l'île de France),

Juge au Tribunal civil, président de l'Académie royale des sciences, lettres et arts de Metz,
secrétaire de la Société d'histoire naturelle de la Moselle, l'un des directeurs du
Museum de la ville, membre de l'Académie royale des sciences de Messine,
de l'Académie gœnia de Catane, des Sociétés d'histoire naturelle
de Strasbourg, de la Drôme, de Francfort-sur-Mein,
de Mayence, et de plusieurs autres Sociétés
savantes, nationales et étrangères.

METZ,
TYPOGRAPHIE DE S. LAMORT, RUE DU PALAIS.

1843.

INTRODUCTION,

ou

PRÉCIS DE L'HISTOIRE POLITIQUE, SCIENTIFIQUE ET LITTÉRAIRE

DE LA SICILE.

———————

Il existe, à un myriamètre de l'Italie et à quinze de l'Afrique, une île dont le nom est célèbre dans nos annales normandes, dans l'histoire des Carthaginois, des Grecs, des Romains et des Sarrazins, une île digne de tout l'intérêt du naturaliste, de l'archéologue, de l'historien, de l'industriel et du philologue ; et cette île, la plus intéressante, sans contredit, de notre Europe, est à peine visitée en partie, chaque année, par quelques voyageurs.

La Sicile, que chacun a déjà nommée, est, par sa position géographique, comme l'anneau qui unit deux grands continents : elle offre, par cette raison, la réunion de beaucoup de produits des contrées diverses qui l'environnent, et dont elle semble n'avoir été que le prolongement, avant que des secousses volcaniques soient venues l'isoler entièrement.

I

Les nouveaux Strabons et Diodores qui voudraient écrire l'histoire de la Sicile, trouveraient à chaque pas des traces du passage des peuples qui occupèrent successivement cette île. Sans s'arrêter aux légendes antiques qui donnent à la Sicile les Cyclopes pour premiers maîtres, et en négligeant même les fondations des Phéniciens, des Etoliens et des Sicules, ils retrouveraient en cent localités diverses des souvenirs des colonies Hellènes, notamment des Chalcidiens et des Athéniens.

Les Carthaginois et les Romains, devenus possesseurs de la Sicile, leur offriraient une époque florissante jusqu'aux temps de Théodose. Ils raconteraient comment bientôt les Goths, les Vandales, les Grecs du Bas-Empire, les Latins, les Sarrazins, les Normands et l'empereur Frédéric II sont venus conquérir successivement cette belle contrée ; comment l'Etna, jaloux, pour ainsi dire, de surpasser les dévastations des barbares, fit périr cent à cent cinquante mille habitants, par ses convulsions souterraines et par les flots de lave qu'il vomit de ses flancs.

Après avoir rappelé dans les temps anciens les cruautés de Denys, tyran de Syracuse, et de Phalaris, tyran d'Agrigente, les déprédations de Verrès, stigmatisées par l'immortel plaidoyer de Cicéron, l'historien aurait une tâche difficile, sans doute, mais d'un grand intérêt : ce serait de nous initier à tous les développements de la civilisation, par suite de l'invasion des Arabes en 828, et pendant leur domination, qui se prolongea deux cent trente-trois ans.

La conquête de la Sicile en 1061, par Robert Guiscard et Roger, à la tête des Normands, nous ferait voir cette île réunie pour la première fois en un état souverain à part et sous un seul chef.

Après le règne brillant de Frédéric II, empereur d'Allemagne, l'historien dirait quel crime épouvantable mit fin, le 31 mars 1282, à la domination de Charles d'Anjou, et fit passer le royaume de Sicile aux princes d'Aragon. Les Vêpres Siciliennes, auxquelles deux seuls Français échappèrent, grâce à l'affection qu'ils s'étaient conciliée, firent éclater tout ce que peut l'énergie de la haine d'un peuple encore empreint de la barbarie du moyen-âge.

Enfin, après la dynastie aragonaise, on arriverait en 1734, époque à laquelle la Sicile tombe au pouvoir de la branche de Bourbon qui y règne encore aujourd'hui.

Mais, si cette contrée doit offrir un vif intérêt à l'historien, quel attrait puissant ne doit-elle pas avoir pour l'archéologue et pour le philologue.

En effet, tous ces monuments, tous ces vestiges, toutes ces ruines que l'historien a interrogés, seront-ils muets pour l'archéologue ? ne passera-t-il pas successivement en revue les informes constructions phéniciennes, les temples doriques élevés par les colonies grecques, les arènes des Romains, les castels mauresques, les chapelles des Normands, les villas espagnoles et les sombres donjons de la féodalité.

Parmi les monuments antiques, que les Grecs surtout nous ont légués, on examinera avec intérêt le temple de Ségeste, qui rappelle ceux de Pœstum, les ruines des trois temples de Sélinonte, les temples de Junon et de la Concorde à Agrigente, les débris des temples d'Hercule, d'Esculape et de Jupiter Olympien près de la même ville, ainsi que le tombeau de Théron.

A Palazzuolo, on retrouvera les restes de l'ancien théâtre ; à Catane, l'Odéon, le théâtre, l'amphithéâtre, les bains et l'obélisque surmonté de son éléphant en lave ; au sommet de l'Etna, la tour du Philosophe, dont l'origine paraît si mystérieuse ; à Taormina, la naumachie, les plus belles piscines connues, les aqueducs et le théâtre qui était le plus remarquable monument de ce genre jusqu'au moment où Pompéï vint à surgir de ses cendres.

A Syracuse enfin, les restes des temples de Diane, de Jupiter et de Minerve, les bains souterrains, les latomies et l'excavation connue sous le nom d'Oreille de Denys; les catacombes, à l'entrée desquelles se trouve la première chapelle élevée par le christianisme, le tombeau d'Archimède, les ruines du palais d'Agathocle, l'amphithéâtre, le théâtre, la piscine, les voies souterraines de l'Epipoli, le fort Labdale et des champs immenses couverts des ruines de cette grande cité jadis si belle et si florissante.

Mais tant de magnifiques monuments qui semblaient indestructibles et qui étaient construits avec une solidité telle qu'Empédocle disait, en parlant de ses concitoyens d'Agrigente, « qu'ils bâtissaient comme s'ils ne devaient » jamais périr ; » tant de ruines accumulées là où se déployaient autrefois toute la richesse et l'éclat d'un grand peuple, ne sont-ils pas de puissants enseignements et un sujet de hautes méditations pour le philosophe.

Si les mânes des fiers citoyens de l'antique Agrigente pouvaient revivre aux lieux qui les ont vus naître, reconnaîtraient-ils jamais dans cette ville sale, irrégulière, réduite à treize mille habitants, et que l'on nomme aujourd'hui Girgenti, leur cité resplendissante, jadis si renommée par son luxe et sa mollesse, leur cité qui comptait huit cent mille habitants du temps d'Empédocle, et jusqu'à onze cent mille citoyens, dit-on, à l'époque de la plus grande prospérité de la république.

N'est-ce pas encore avec un sentiment de surprise, mêlé de tristesse, que l'on contemple ce vaste champ de ruines qu'offrent les environs de Syracuse. L'esprit a peine à concevoir que cette ancienne rivale d'Athènes, aujourd'hui réduite à une misérable population de quinze mille habitants, en ait compté jusqu'à quinze cent mille lors de sa splendeur, s'il faut ajouter foi à l'assertion de certains historiens taxés, il est vrai, d'exagération.

N'est-ce pas le plus grand enseignement que la Providence divine puisse nous offrir, que de nous faire voir cette cité jadis si vaste, que, selon Strabon, son circuit était de cent quatre-vingts stades, ou environ douze kilomètres et demi, restreinte actuellement au petit quartier d'Ortygie, qui fut son berceau primitif.

Le philosophe, en parcourant les champs où brillèrent jadis les fiers Syracusains et les voluptueux Agrigentins, n'est-il pas tenté de s'écrier avec Massillon : « Leurs villes,
» si célèbres autrefois par leur magnificence, par leur
» force, et encore plus par leurs crimes et leurs disso-
» lutions, ne sont plus que des monceaux de ruines.
» Ces asiles fameux de l'idolâtrie et de la volupté sont
» renversés de fond en comble. Ces statues si renommées
» qui les embellissaient, que l'antiquité avait tant van-
» tées, elles sont ensevelies dans les débris de leurs villes
» et de leurs temples. Il ne reste donc plus que le sou-
» venir de tous ces superbes monuments. »

Parmi les édifices d'une époque moins reculée, je signalerai ceux qui rappellent la domination des Sarrazins : je citerai en premier ordre le palais royal de Palerme, qui fut ensuite agrandi par Robert Guiscard, et surtout la délicieuse chapelle royale qui s'y trouve et qui est d'un style mauresque et d'une ornementation si asiatique et si féerique, si j'ose le dire, que l'on se demande en entrant dans cette immense mosaïque à fonds dorés, et en voyant ses lambris, son pavé en bel *opus Alexandrinum,* ses arabesques, ses mille colonnettes de porphyre et ses lampes de vermeil, que l'on se demande si ce n'est point une mosquée ou l'une de ces riches pagodes indiennes.

Avec quel charme n'irait-on pas encore visiter près de Palerme, l'ancien castel ou palais Ziza, et le castel Cuba, avec leurs pavés de mosaïques et leurs fontaines jaillissantes qui servaient jadis aux ablutions des princes arabes. Le castel ruiné de San-Benedetto près de Montréal, la tour de la cathédrale d'Agrigente et les maisons mauresques de Sciacca, ne devraient pas non plus être omises.

Si les Espagnols n'ont laissé à Palerme qu'un grand nombre d'édifices privés, les Normands, en revanche, avaient entrepris et achevé de beaux monuments. Il me suffira d'indiquer la cathédrale de Montréal *, avec ses colonnes égyptiennes, son dôme, ses lambris et son pavé tout en mosaïque, celles de Palerme, de Messine et de Catane.

On a déjà compris que dans un pays où tant de peuples se sont heurtés et ont établi successivement leur domination, le langage soit devenu lui-même comme une mosaïque à cent reflets divers. Aussi, le philologue aurait-il une étude aussi longue qu'intéressante à faire, pour rechercher les origines de la langue actuelle et des noms que les diverses époques ont imprimés aux monuments. Vingt peuples divers ont laissé en Sicile des débris de leur langage encore plus que de leurs édifices, et ce serait une tâche savante que de pouvoir assigner à chacun d'eux la part qui lui revient dans le langage moderne.

Quant à l'industriel, pourrait-il exploiter une contrée plus féconde et plus riche en produits divers. Le soufre, qui est si abondant et si pur en Sicile, n'y est encore recueilli que par les procédés qu'offraient les arts dans leur enfance. Ainsi, pour n'en citer qu'une preuve irréfragable, M. Maravigna, savant professeur de chimie et de miné-

* La cathédrale de Montréal renferme les tombeaux de Guillaume Ier, le Mauvais, de Guillaume II, le Bon, et l'on y conserve les entrailles de saint Louis.

ralogie à l'université de Catane, a calculé que le mode actuel d'exploitation du soufre occasionne une perte réelle des dix-sept dix-huitièmes, la gangue ne donnant ainsi qu'un dix-huitième du soufre qu'elle contient, et que souvent même il arrive en hiver que le soufre, brûlé dans les fourneaux en usage, se perd *entièrement,* lorsque, par l'agitation de l'air, il passe totalement à l'état de gaz.

Les carrières de marbre abondent dans l'intérieur de l'île et n'attendent qu'une main habile pour être exploitées et livrées à l'industrie et aux arts.

Si les entrailles de la terre recèlent de riches productions, la surface du sol n'est pas moins précieuse. Ainsi, deux récoltes viennent chaque année couronner le léger labeur du paysan Sicilien. Toutes les céréales, le chanvre, l'olivier, le mûrier, le figuier, la vigne y croissent presque sans culture au milieu des cactus, des dattiers et des aloës, et y prennent un développement prodigieux.

Quels résultats immenses un agronome, digne de ce nom, n'obtiendrait-il pas en cultivant avec intelligence un sol si fécond et si généreux.

Je n'en finirais point, si je voulais passer en revue tout ce que nos arts européens et nos procédés modernes pourraient apporter de perfectionnements et de bien-être dans ce pays si riche et si pauvre tout à la fois.

Mais il me reste à l'examiner sous le point de vue du naturaliste et ici la carrière devient immense. En effet, quel pays offre une réunion de produits si variés et si divers.

Le botaniste s'arrête à chaque pas pour décrire et recueillir des plantes qu'il croyait propres à l'Afrique, et la vue des dattiers sauvages qui croissent çà et là dans les plaines de la Sicile rappelle encore mieux ce continent voisin.

Arrive-t-il à Syracuse, sa première excursion sera pour
rechercher ces *cyperus papyrus* que les seuls rivages de
Cyane produisent spontanément en Europe.

Les jardins publics de la Giulia et de la Flora à Palerme,
avec leurs allées d'orangers et de citronniers, leurs palmiers,
leurs bananiers en pleine terre et leurs mille fleurs, feront
éprouver au botaniste comme au touriste un charme et
des jouissances ineffables.

Le géologue, avant de se rendre en Sicile, a déjà étudié
ordinairement une partie du sol de cette île célèbre, le roi
des volcans, l'Etna, étant le principal but de son voyage.

Néanmoins, après cette excursion, dont l'étendue et les
fatigues égalent l'intérêt, il visitera encore les îles basal-
tiques des Cyclopes et de la Trezza, les soufrières du Val
Noto et de Caltanisetta ; puis, à deux lieues de Caltagirone,
le lago Naftia ou lac des Palices, dont les eaux sont constamment bouillonnantes.

Les grottes ou cavernes à ossements fossiles qui existent
à Syracuse, près l'ancien quartier d'Achradine, et la grotte
de Santo-Cœlo, près Palerme, n'intéresseront pas moins
le géologue que le paléontologiste.

Mais je ne dois pas passer sous silence un volcan de
vase dénommé par les Arabes la Macaluba* et qui se
trouve à sept milles de Girgenti. L'action du feu paraît
étrangère à ce volcan d'une nouvelle espèce ; néanmoins
le développement des gaz hydrogène et acide carbonique
qui sont, dit-on, la cause des éruptions continuelles, a
lieu avec une telle puissance que des colonnes de boue
froide et salée ont été lancées à trente cinq et même
cinquante mètres de hauteur, étant accompagnées de
secousses ressenties à trois milles à la ronde.

---

* La Macaluba, nom arabe signifiant *bouleversé*, est aussi appelée
par les Siciliens Majaruca. Strabon et Solin parlent de ce volcan de
vase.

Quant au zoologiste, un champ non moins vaste et des jouissances non moins vives l'attendent sous ce beau ciel où bien des découvertes nouvelles sont encore à effectuer surtout en entomologie.

Les petits mammifères, les reptiles et les poissons ne sont connus qu'imparfaitement ; beaucoup d'espèces ne se trouvent en Europe que dans la Sicile, notamment quelques espèces de chauves-souris, telles que le *nycteris hispidus*. Les *vespertilio, Cappacinii, Leucippe, Alcythoe* et *Aristippe* nouvellement indiqués par le prince de Musignano ; quelques rats, tels que le rat frugivore (*musculus frugivorus*) (Raffin.) ou (*myoxus siculæ*) (Lesson), et le rat à queue bicolore (*musculus dichrurus*) (Raffin.).

On ne doit pas omettre non plus des espèces qui n'existent que dans un très-petit nombre de localités de l'Europe méridionale, telles que le *dysopes Ruppellii* (Temm.) ou *dinops cestoni* (Savi), le *vespertilis Savii* (Bonap.), le porc épic (*hystrix cristata*) (Linn.), la tortue grecque, *testudo græca,* et parmi les cétacés observés dans les eaux de la Sicile, l'*épiodon* (Desm.), ainsi que l'*oxypterus mongitori,* si ce dauphin ainsi dénommé par Raffinesque constitue bien une espèce distincte et nouvelle.

Quant aux mollusques dont abondent les rivages de la Sicile, ils ont été décrits ou classés avec soin, d'abord, par Poli dans son ouvrage in-folio intitulé : *Testacea utriusque Siciliæ eorumque historia et anatome* et publié à Parme en 1791 ; en second lieu, par M. Philippi dans son *Enumeratio molluscorum Siciliæ,* volume in-4°, avec douze planches, qui a paru à Berlin en 1836. La même année M. C. Maravigna, de Catane, rédigea un catalogue méthodique des mollusques de la Sicile. Depuis lors, ce savant professeur et plusieurs naturalistes

ont publié dans les actes de l'académie Gioenia de
Catane, notamment dans le tome douze, des mémoires
importants sur la malacologie sicilienne.

L'ornithologie, enfin, offre à récolter en Sicile une
moisson aussi riche au moins que les autres branches
dont j'ai parlé. La faculté de locomotion que possèdent
les oiseaux à un si haut degré, et la position géographique de cette île, en font comme un centre principal
que nombre d'espèces du nord et du midi de l'Europe,
de l'Egypte et des côtes de Barbarie, viennent visiter
annuellement ou au moins accidentellement. La douceur
du climat et la nature variée du sol expliquent facilement comment un si grand nombre d'espèces y sont
sédentaires.

Quelques auteurs ont traité des oiseaux de la Sicile,
mais il faut l'avouer, tous les travaux que nous pos-
sédons sont incomplets et à peine connus en Europe.
Je citerai en premier lieu, Cupani dont le *Pamphyton
siculum* publié en 1713 n'existe plus que dans les biblio-
thèques des universités de Palerme et de Catane; mais
la date seule de cet ouvrage qui traite un peu de toutes
les sciences, prouve qu'il n'a pu m'être utile qu'à titre
de catalogue à consulter.

Quinze espèces d'oiseaux sont aussi décrits dans le
petit ouvrage publié à Palerme en 1810 par Raffinesque, et intitulé : *Caratteri di alcuni nuovi generi e
nuove specie di animali e piante della Sicilia*. Quelque
précieux que soit cet opuscule italien, les descriptions
de l'auteur sont d'une concision telle qu'il est parfois
difficile de reconnaître l'espèce qu'il a eu en vue et à
laquelle il a imposé un nom nouveau.

Parmi les naturalistes Siciliens contemporains, je dois
citer M. le docteur G. Antonio Galvagni, qui, sous le
titre de *Fauna etnea*, a publié dans les actes de l'aca-

démie Gioenia et notamment dans le tome quatorze, une série de mémoires intéressants relatifs à la zoologie de l'Etna et des environs de Catane. Le sixième de ces mémoires concerne l'ornithologie et contient une simple énumération de cent dix-huit espèces.

M. Luighi Benoît, réunissant ces documents à ses propres observations, a publié ensuite à Messine un catalogue raisonné des diverses espèces qui, selon lui, composaient l'ornithologie de sa patrie. Quelque précieux que soit ce travail qui, je m'empresse de le proclamer, m'a été du plus grand secours, ainsi que tous les ouvrages précités, il faut bien avouer d'une part, qu'il est loin de résumer aujourd'hui toutes les richesses ornithologiques de la Sicile, puisqu'il ne comprend que deux cent soixante et dix espèces au lieu de trois cent dix-huit, et que d'autre part il n'est guère connu en France que d'un très-petit nombre de naturalistes qui tous ne comprennent pas la langue dans laquelle l'ouvrage est écrit.

Mais, si les diverses branches de l'histoire naturelle de cette belle contrée, que nous venons de passer en revue, n'ont pas été mieux étudiées jusqu'à ce jour, si les arts et l'industrie y sont aussi arriérés, son histoire littéraire, philosophique et archéologique si incomplètement connue pendant longues années, quelles sont donc les causes qui ont contribué à maintenir les ténèbres qui ont régné jusqu'ici ? Est-ce l'apathie, est-ce l'ignorance des Siciliens eux-mêmes ou bien comme ils le disent, le peu d'encouragements que le gouvernement leur a accordés ? Quoi qu'il en soit, n'a-t-on pas lieu de s'étonner en parcourant une contrée aussi voisine de l'Italie et de la France d'y trouver l'instruction aussi peu répandue, même dans les classes supérieures, les musées de peinture et d'histoire naturelle presque nuls et les arts si faiblement cultivés ?

Toutefois et hâtons-nous de le proclamer, si le peuple Sicilien a été et est encore plongé dans l'ignorance relativement surtout aux grands peuples de l'Europe, la Sicile a pu s'enorgueillir dans les siècles passés comme aujourd'hui d'un grand nombre de ses enfants.

Dans les temps anciens, Tyndare et Théocrite, les inventeurs de la poésie pastorale, ainsi que le poète Moschus, lui durent le jour. Le nom seul d'Archimède suffit à la gloire de Syracuse, et les nombreuses médailles et débris de statues retrouvés encore chaque jour, attestent assez que les arts avaient atteint à cette époque un rare degré de perfection en Sicile.

La peinture et la sculpture comptaient alors des émules des Phidias et des Praxitèles, et l'histoire se félicita d'avoir pour écrivain Diodore dont les ouvrages ont survécu aux siècles.

La littérature s'honora des noms de Flavius Vopricus, né à Syracuse à la fin du IVe siècle, de Maternus et du mahométan Zefer qui vivait au siècle de Guillaume II.

Le poète G. Leonardi, les historiens Fazelli, Cluvier, Blazi, le savant antiquaire Philippe Paruta, les jurisconsultes Gervasi et Rosacri Gregorio, le sculpteur Gagini de Palerme, les peintres les Montrealese, Trevisi, Tancredi, Vitto d'Anna, les Antonii de Messine et Barbalunga, l'un des meilleurs élèves du Dominiquin, méritent d'être mentionnés parmi les Siciliens qui honorèrent leur patrie dans les derniers siècles.

Tous les amis des arts et des lettres, béniront les noms du prince Torremuzza, du prince Biscari, d'Airoldi et de Ventimiglia, archevêque de Catane, dont les travaux firent connaître une partie des antiquités de leur patrie et ranimèrent le goût des lettres et des arts dans le siècle dernier.

La poésie moderne cite avec orgueil Guiseppe Marafini,

Jean Meli, l'Anacréon sicilien, et le prince de Campo-
ranco.

Parmi les hommes distingués qui ont cultivé les sciences,
et dont plusieurs sont connus par leurs travaux, dans
toute l'Europe savante, je citerai notamment à Palerme,
M. Scina et le célèbre astronome Piazzi, qui ont été professeurs à l'université ; M. le duc de Serra di Falco, qui
a publié, il y a quelques années, un ouvrage remarquable sur les antiquités de la Sicile ; M. Vincenzo Fineo,
directeur du jardin botanique, etc., etc. ; à Catane,
l'abbé Ferrara qui a continué en partie les travaux du
prince Biscari ; le naturaliste Recupero ; M. Carlo Maravigna, savant professeur de chimie et de minéralogie,
qui possède une riche collection de conchiologie et de
cristaux de soufre ; M. Mario Gemmellaro, ce savant
modeste, dont nous déplorons la perte, et qui s'était
fixé à Nicolosi, sur l'Etna, comme pour mieux étudier
les phénomènes de la nature et la surprendre, en quelque
sorte, en travail ; M. Carmelo Gemmellaro, son frère,
qui est l'un des professeurs et des géologues les plus distingués de l'université de Catane ; le professeur di-Giacomo et
plusieurs autres dont les noms m'échappent en ce moment*.

C'est en recourant aux travaux et aux observations de
quelques-uns des naturalistes siciliens que j'ai cités plus
haut, et en les joignant aux nombreuses observations que
j'avais moi-même recueillies dans un voyage spécial,
effectué récemment en Sicile, que j'ai pu augmenter
considérablement le catalogue des oiseaux sédentaires ou
de passage dans cette île. Quelques espèces qui, non-seu-

---

* Je ne saurais laisser échapper cette occasion, sans témoigner de
nouveau ici à MM. Carmelo et Joseph Gemmellaro, ainsi qu'à MM. C.
Maravigna, Francesco Cacciola, de Catane, et Luighi Benoît, de Messine, toute ma gratitude pour l'aimable obligeance dont ils m'ont donné
des preuves pendant mon séjour à Catane et à Messine.

lement avaient toujours été omises dans la nomenclature
des oiseaux de la Sicile, mais qui, jusqu'alors n'avaient
même pas été signalées comme propres à l'Europe, par
le célèbre auteur du Manuel d'Ornithologie, ont dû figurer
dans mon travail, d'après mes propres observations et les
documents certains que j'ai été à même de recueillir sur
les lieux.

Je m'empresse de reconnaître également que le Manuel
d'Ornithologie de M. Temminck (tom. 3 et 4 surtout),
m'a été du plus grand secours, les observations faites par
M. le professeur Cantraine, dans son voyage en Sardaigne et en Sicile, se trouvant publiées dans cet excellent ouvrage. Je dois encore à l'obligeance de ce dernier
naturaliste et de plusieurs amateurs, un grand nombre
de renseignements que j'ai mis à profit dans cet opuscule.

J'ai pensé qu'il serait intéressant pour l'ornithologiste
de pouvoir comparer la Faune de la Sicile avec celle des
contrées qui l'environnent ; aussi, toutes les fois que je
l'ai pu, ai-je indiqué *l'habitat* des mêmes espèces, soit
en Égypte, soit en Dalmatie, soit en Grèce, soit dans le
nord de l'Afrique. J'ai profité, pour cette dernière localité, des observations intéressantes que m'a transmises
récemment M. Ledoux, observateur aussi zélé qu'instruit,
et officier du génie dans la province de Bône.

Il est des travaux qui, par leur nature, réclament le
concours de plusieurs personnes, sans quoi ils doivent
toujours laisser à désirer : c'est ce qui arrive lorsqu'on
veut écrire la Faune d'un royaume ou d'une localité
quelconque. En effet, quelles que soient les investigations
auxquelles on a pu se livrer, on conçoit qu'un naturaliste
ne peut se trouver, à chacune des diverses époques de
l'année, dans toutes les parties d'un vaste territoire, et
cependant cette condition serait essentielle à remplir pendant une longue période, pour pouvoir tout embrasser

en ornithologie. De là la nécessité d'avoir recours à des correspondants locaux qui puissent, en votre absence, observer avec zèle et intelligence.

Malheureusement l'étude des sciences naturelles est si peu répandue dans la majeure partie de la Sicile, qu'on ne pourra de long-temps se flatter d'obtenir un résultat complet sur le sujet que j'ai entrepris. Je livre donc mon faible travail comme une œuvre qui réclamera sans doute de nombreuses additions par la suite, mais qui, en ce moment au moins, représente la Faune ornithologique la plus complète de la Sicile. C'est à ce titre que je l'offre aux naturalistes, et il pourra servir de guide à ceux qui désireraient explorer cette île intéressante.

Ce motif m'a déterminé à placer en tête des observations relatives à chaque espèce, une synonymie en français, en latin, en italien et en sicilien vulgaire.

Je m'estimerai trois fois heureux, si, en apportant cette pierre légère à la construction du grand édifice des sciences naturelles, je puis faciliter les recherches de quelque nouveau voyageur en Sicile.

Nota. J'ai suivi la classification générale du règne animal de Georges Cuvier, en la modifiant toutefois dans quelques détails, d'après la méthode de M. Temminck, et j'ai adopté la majeure partie des dénominations de ce dernier auteur, dont l'excellent Manuel d'Ornithologie est entre les mains de tout le monde.

J'ai pris soin d'indiquer en outre la synonymie du système de M. Swainson, qui a été adopté presque entièrement par M. le baron de Lafresnaye.

ABRÉVIATIONS EMPLOYÉES DANS CET OUVRAGE.

Aldrov.   ALDROVANDI. *De Avibus.*

Bechst.   BECHSTEIN. Oiseaux d'Allemagne (en allemand).

Bonap.   Charles-Lucien BONAPARTE, prince de Canino. *Iconographia della fauna Italica.*

Briss.   A. D. BRISSON. Ornithologie.

Brunn.   BRUNNICH. *Ornithologia borealis.*

Buff., pl. enl.   BUFFON. Planches enluminées, 1770-1776.

Cuv.   Georges CUVIER. Règne animal, édition de 1829.

Daud.   F. M. DAUDIN. Traité d'ornithologie.

I. Geoff.   Isidore GEOFFROY-SAINT-HILAIRE. Travaux ornithologiques.

atl. de Morée.   *Idem.* Catalogue d'ornithologie et Atlas de l'expédition scientifique de la Morée.

Gm., Gmel.   J. Fr. GMELIN. Edition 13e du *Systema naturæ* de Linné.

Horsf.   Dr HORSFIELD. Travaux ornithologiques.

Illig.   ILLIGER. *Prodromus mammalium et avium.*

Lafresn.   Bon de LAFRESNAYE. Travaux ornithologiques. — Dictionnaire universel d'Histoire naturelle.

Lath.   LATHAM. *Index ornithologicus.* — *General synopsis of birds.*

Leisl.   LEISLER. Supplément aux Oiseaux d'Allemagne de Bechstein.

Less.   R. P. LESSON. Manuel d'ornithologie. — Traité d'ornithologie. — Catalogue des oiseaux de la Charente-Inférieure.

Licht.   LICHTENSTEIN. Travaux ornithologiques.

Linn.   C. LINNÆUS. *Systema naturæ,* édition 12e.

Meyer   Dr MEYER et Dr WOLFF. Oiseaux d'Allemagne (en allemand).

Natter.   NATTERER. Travaux ornithologiques.

Naum.   NAUMANN. Oiseaux d'Allemagne (en allemand).

Nils.   NILSSON. *Fauna suecica.*

N. v. s. Nom vulgaire sicilien.

Raffin. RAFFINESQUE. *Caratteri di alcuni nuovi generi e nuove specie di animali della Sicilia.*

Rüpp. Dr Eduard RUPPELL. *Fauna von Abyssinien.*

Sav., Savig. J. C. SAVIGNY. Atlas de l'expédition d'Egypte.

Selb. SELBY. *Illustrations of british ornithology*, 1821 à 1825.

Sonnin. Buffon, édition de SONNINI.

Sw., Swains. William SWAINSON. *Classification of birds*, 1836. — *Zoological illustrations.*

SWAINSON et RICHARDSON. *Fauna boreali americana* ou *Northern zoology.*

Temm. C.J. TEMMINCK. Manuel d'Ornithologie, 2e édition, 1820-1840.

pl. col. Temminck et Meiffren Laugier de Chartrouse. Nouveau recueil de planches coloriées d'oiseaux, 1820 à 1842.

Vail. Fr. LEVAILLANT. Histoire naturelle des oiseaux d'Afrique.

Vieill. VIEILLOT. Faune française et autres travaux ornithologiques.

Wag. Dr J. WAGLER. *Systema avium*, 1827.

Indépendamment des auteurs ci-dessus, ainsi que des catalogues de *Cupani*, de M. le Dr *Antonio Galvagni* et de M. *Luighi Benoit*, que j'ai déjà indiqués dans mon introduction, j'ai cité dans le cours de cet opuscule plusieurs autres ouvrages et documents d'un haut intérêt, notamment :

ACTES de la Société *Linnéenne de Bordeaux.* Tome VIII ,1836; et tome XII, 1841.

AUDOUIN. Explication des planches d'oiseaux de l'Atlas d'Egypte.

Atti dell' Accademia Gioenia. Tome XII (Catania).

BAILLON. Mémoires de la Société royale d'Abbeville, 1833.

BOIÉ. Travaux sur la classification des oiseaux.

BONELLI. Mémoires de l'Académie royale des sciences de Turin.

BRANDT. *Descriptiones et icones animalium rossicorum novorum.*

BREHM. Oiseaux d'Allemagne, 1820. Oiseaux d'Europe, 1823 (en allemand).

CALVI. *Catalogo d'ornitologia di Genova*, 1828.

COMPANYO. Catalogue des mammifères et oiseaux des Pyrénées orientales. (Bulletin de la Société philomatique des Pyrénées orientales, 1839.)

CRESPON. Catalogue des oiseaux du département du Gard.

DARRACQ. Catalogue des oiseaux des départements des Landes et des Pyrénées occidentales, 1836; et supplément inédit, 1842.

Dr DEGLAND. Oiseaux d'Europe. (Mémoires de la Société royale des sciences de Lille, 1839-1840.)

ENCYCLOPÉDIE méthodique.

Dr FLEMING. Travaux ornithologiques.

FORSTER. Travaux ornithologiques.

GERBE. Magazin de zoologie.

GOULD. Gould et Sykes. *The birds of Europe.*

HOLANDRE. Faune de la Moselle.

LESAUVAGE. Catalogue des oiseaux du Calvados. (Mémoires de la Société Linnéenne de Normandie. Tome VI, 1838.)

MÉNÉTRIES. Catalogue raisonné des objets de zoologie, recueillis au Caucase.

MAUDUYT. Catalogue des oiseaux du département de la Vienne.

PALLAS. *Fauna rosso-asiatica.*

RANZONI. Eléments de zoologie.

RAY. Système d'ornithologie.

RAY. Faune de la Haute-Marne, 1843.

RETZ. Edition 2° de la *Fauna suecica* de Linné.

RISSO. Faune du littoral du Var et des Alpes maritimes.

ROUX. Polydore Roux. Ornithologie provençale.

SAVI. Paolo Savi. *Ornithologia Toscana.*

Ed. de SELYS-LONGCHAMPS. Faune belge, partie I, 1842.

V. SGANZIN. Catalogue inédit des oiseaux de la Bretagne.

SHAW. Travaux ornithologiques.

SPARMANN. *Museum Carlsonianum.*

STORR. Travaux ornithologiques.

VIGORS. Ouvrages ornithologiques.

YARRELL. *History of British birds.* — *Transactions of the zoological society.*

FAUNE ORNITHOLOGIQUE

DE LA SICILE.

ORDRE I.

RAPACES (Temm.); Oiseaux de proie (Cuv.);
Accipitres (Linn.); Raptores (Swains.); Rapta-
tores (Illig.).

1° DIURNES (Cuv.).

Genre VAUTOUR (Cuv., Temm.); *Vultur* (Linn.);
Famille des Vulturidées (Sw.).

Vautour arrian (Temm.); Vautour brun (Cuv.); Vautour noir (Vieill., pl. 1, f. 1); Vautour d'Arabie (Briss.);
Vautour ou Grand Vautour (Buff., pl. enl. 425, l'adulte).

Vultur cinereus (Linn., Temm., Cuv., Sw.); *Vultur
niger* (Vieill.); *Ægypius arrianus* (de Lafresn.); *Ægypius niger* (Savig.); *Vultur arrianus* (Roux, pl. 2);
Vultur ægypius (Rüpp.).

Avoltojo (Savi).

N. v. sicil. — *Buturo* (Messine); *Vuturo* (Palerme);
Vuturazzu (Castrogiovanni); *Arpazza* (Catane).

Ce vautour que l'on rencontre fréquemment en Sardaigne et que l'on voit au printemps arriver, en petit
nombre, dans les Pyrénées, habite aussi toute l'année
en Sicile, sur les montagnes les plus élevées. On m'a

assuré à Palerme qu'il avait été observé sur le *monte*
Pellegrino, ainsi que non loin de Montréal.

Cet oiseau établit ordinairement son aire sur les rochers
les plus escarpés et les plus inaccessibles, et la femelle
y dépose deux œufs blancs, tachetés de brun vers le
gros bout et lavés de roux clair. Les jeunes arrians, à
peine éclos, sont couverts d'un duvet de couleur isabelle.
M. Luighi Benoit raconte qu'un jeune arrian élevé en
captivité, demeurait plusieurs heures sans changer de
position, même lorsqu'on l'approchait. Il refusait toute
espèce de nourriture autre que la chair des animaux morts
ou vivants, qu'il dévorait avec voracité, et supporta néanmoins pendant plusieurs jours une abstinence complète
sans paraître en souffrir.

Quoique les catalogues de Cupani, de Raffinesque et
de M. Benoit ne fassent pas mention du *Vultur fulvus*
et du *Vultur kolbii*, espèces parfaitement distinctes (ainsi
que l'on peut s'en convaincre en examinant les nombreux
sujets donnés au muséum de Francfort-sur-Mein, par le
savant naturaliste et voyageur, M. le docteur Rüppell,
directeur actuel de ce muséum), j'engage les naturalistes
siciliens à explorer avec soin les montagnes du centre de
la Sicile, et je ne serais pas surpris qu'on y découvrît
l'une ou l'autre de ces espèces, qui se trouvent en grand
nombre dans tout le nord de l'Afrique, en Sardaigne et
en Dalmatie.

Le vautour arrian habite l'Egypte et la Nubie.

———

Genre NÉOPHRON (Savig., Swains.); Percnoptère
(Cuv.); Catharte (Temm.); Fam. des Vulturidées (Sw.).

Néophron percnoptère (Vieill., pl. 2, f. 1, le vieux;
f. 2, femelle et jeune. Roux, pl. 4, l'adulte; pl. 5, le
jeune); Catharte alimoche (Temm.); Percnoptère d'Egypte

(Cuv.); Le Percnoptère(Savig.); Vautour de Malte (Buff.,
pl. enl. 427, le jeune); Vautour d'Egypte (Sonnini).

Neophron percnopterus (Sav., Vieill., Less., Swains.);
Vultur percnopterus, leucocephalus et fuscus (Gmel.,
Lath.); *Cathartes percnopterus* (Temm., Cuv., Rüpp.);
Vultur Ægyptius (Briss.)

Caporaccajo (Savi.)

N. v. s. — *Aciddazzu di passa.*

Cette espèce, originaire d'Afrique et très-commune,
l'été, dans les Pyrénées, se trouve fréquemment en
Provence ainsi qu'en Sicile, où quelques couples nichent
chaque année. Un amateur de Messine en a plusieurs
fois élevé des nichées qui ont parfaitement réussi.

———

Genre **GYPAETE** (Temm.); *Gypaetus* (Storr.,
Temm., Swains.); **Griffons** (Cuv.); **Phène** (Sav.);
Famille des **Vulturidées** (Swains.).

Gypaete barbu (Temm.); Lœmmergeyer ou Vautour
des agneaux (Cuv.); Gypaëte des Alpes (Sonnini);
Vautour barbu (Savig.); Vautour noir (Briss., pl. 4,
le jeune); Vautour doré (Buff.); Phène des Alpes
(Roux, pl. 5 bis. Vieill., pl. 5, f. 1, l'adulte; f. 2,
tête du jeune).

Gypaëtus barbatus (Temm., Cuv., Gould, pl. col.,
Swains.); *Gypaëtos barbatus* (Storr., Rüpp.); *Falco
barbatus et barbarus* (Gmel.); *Vultur barbatus et barbarus* (Lath.); *Vulter aureus* (Briss., Gesner); *Vultur
leucocephalus*, l'adulte et *Gypaëtus menalocephalus*,
le jeune (Meyer); *Vultur niger*, le jeune (Lath.,
Gmel.); *Phene ossifraga* (Savig., Vieill.).

Avoltojo barbato (Savi).

N. v. s. — *Aciddazzu barbatu.*

Cette espèce répandue, mais en petit nombre, en Abyssinie, dans la haute Egypte et en Algérie habite les montagnes élevées de la Sardaigne, les Pyrénées et le Tyrol. On en trouve quelques-uns en Suisse, et des chasseurs m'ont indiqué l'une des sommités qui entourent la vallée de Glaris, près le lac de Wallenstadt, comme le domicile habituel d'un couple de gypaëtes. Les sujets que j'ai obtenus de Suisse ainsi que ceux que j'ai vus à Berne et à Genève m'ont paru d'une taille plus forte que les exemplaires provenant de Sardaigne ou des Pyrénées.

Cette espèce paraît avoir été moins rare en Sicile du temps de Cupani qui en donne une fort bonne figure; mais aujourd'hui on ne cite aucun exemple de capture récente.

J'ai observé dans plusieurs collections des gypaëtes dont toutes les parties inférieures étaient quelquefois d'un blanc assez pur; voici ce que me mandent à ce sujet M. Bruch, qui a été à même d'observer le gypaète et qui en a élevé un en captivité, ainsi que M. le docteur Rüppell de Francfort. « Les plumes blanches des parties inférieures
» du gypaète, prises isolément, ne sont point une
» indication de l'âge ni du sexe de l'oiseau. Dans le
» premier âge, dit M. Bruch, tout l'abdomen est de
» couleur foncée, mais les plumes pâlissent bientôt et
» surtout vers la première mue; elles deviennent quel-
» quefois entièrement blanches, à la mue qui précède
» l'époque à laquelle l'oiseau doit revêtir la robe
» d'adulte, et immédiatement après la mue, le plumage
» devient d'un beau roux orangé. Cette dernière couleur
» pâlit aussi vers la mue et les parties inférieures
» redeviennent alors plus ou moins blanches, suivant
» que la mue est plus ou moins complète, plus ou
» moins retardée par les maladie ou l'état de captivité. »

Genre FAUCON (Cuv., Temm.).

Ire *DIVISION.* — FAUCONS proprement dits; *Falco* (Linn., Cuv., Temm.); Fam. des FALCONIDEES; s. f. des Falconinées (Swains.).

FAUCON PÉLERIN (Temm.); Faucon ordinaire (Cuv.); Faucon commun (Vieill., pl. 13, f. 1, l'adulte; f. 2, le jeune. Roux, pl. 29, le mâle adulte; pl. 30, le jeune. Buffon, pl. enl. 421, mâle adulte sous le nom de Faucon; pl. 430, femelle adulte sous le nom de Lanier; pl. 470, le jeune, sous le nom de Faucon sors; pl. 450, le vieux mâle; et pl. 469, le jeune mâle sous le nom de Faucon noir passager); Faucon sors (Encycl., pl. 198, f. 5).

Falco peregrinus (Linn., Temm., Vieill., Swains.); *Falco communis* (Cuv., Gmel., Savig.); *Falco horno-tinus* (Gmel.); *Falco niger* (Briss.); *Falco barbarus* (Lath.); *Falco abietinus* (Bechst., Naum.); *Falco cornicum* (Brehm, variété accidentelle à crâne plus élevé); *Falco montanus siculus* (Cupani).

Falcone (Savi).

N. v. s. — *Albaneddu* (Messine); *Falcuni piddirinu* (Palerme); *Falcuni* (Syracuse).

C'est ordinairement dans les localités montueuses et boisées de la Sicile qu'habite le faucon pélerin et il se trouve toute l'année aux environs de Palerme. Il n'est que de passage à Syracuse et à Messine et il y a peu d'années, une variété ayant les parties inférieures d'un blanc presque uniforme a été tuée aux environs de cette dernière ville.

Dans le catalogue italien de M. Luighi Benoît, cet oiseau est indiqué sous le nom français de faucon lanier; mais il est évident que c'est une erreur, ainsi que le démontre le nom italien *falcone* que le même auteur cite d'après M. Savi, et que ce dernier n'applique qu'au *falco peregrinus*.

Quelques naturalistes modernes, M. Delamotte d'Abbeville notamment, émettent du doute sur l'existence du faucon lanier comme espèce distincte du pélerin. Je dois ajouter qu'à la vérité, dans la plupart des collections j'ai vu des faucons pélerins ou gerfauts jeunes étiquetés sous le nom de Lanier, mais ces erreurs ne doivent pas faire obstacle à l'existence réelle des deux espèces ; elles prouvent seulement que le lanier est rare et peu connu. Voici ce que me marque M. Bruch, que j'ai déjà eu occasion de citer. « L'an dernier j'avais encore des doutes » sus l'existence du *falco laniarius,* parce que tous les » faucons que j'avais vus sous ce nom dans les collections » étaient des jeunes *islandicus, peregrinus* ou *peregri-* » *noïdes* sans en excepter l'exemplaire de la collection » de Meyer qui se trouve actuellement à Francfort-sur- » Mein, et si MM. Natterer et Thienemann ne m'avaient » certifié l'existence du *laniarius,* je l'aurais déjà rayé » de mon catalogue. Enfin l'an dernier j'ai été assez » heureux pour recevoir un véritable *falco laniarius* » d'Europe et une paire du prétendu lanier d'Afrique » que M. Lichtenstein a nommé *falco tanypterus ;* je » puis donc affirmer que le lanier est une espèce dis- » tincte. » M. Bruch ajoute que dans beaucoup de collections en Autriche on trouve de vrais laniers.

———

HOBEREAU (Buff., pl. enl. 432. Cuv.); Faucon hobereau (Temm.).

Falco subbuteo (Linn., Lath., Temm., Vieill., Meyer, Gmel., Swains., Roux, pl. 33; Encycl., pl. 206, f. 1); *Falco hirundinum, var* (Brehm); *Accipiter fringillarius tunesinus* (Cupani).

Lodolajo (Savi); *Falco barletta e ciamato.*

N. v. s. — *Falcuni* (Palerme) ; *Albaneddu di passa* (Messine).

Cette espèce est commune en Sicile lors du passage qui s'effectue au printemps ; mais on en voit très-peu à toute autre époque.

———

EMÉRILLON (Buff., pl. enl. 468, jeune mâle. Cuv., Roux, pl. 31 et 52. Vieill., pl. 15. ; f. 1, vieux; f. 2, jeune. Encycl., pl. 206, f. 2) ; Faucon Emérillon (Temm.) ; Le Rochier (Buff., pl. 457, le mâle adulte).

Falco œsalon (Temm., Swains., North., Zool. pl. 25) ; *Falco lithofalco* et *œsalon* (Linn., Vicill., Briss., Lath.) ; *Falco cœsius* (Meyer.) ; *Falco smerillus* (Savig.).

Smeriglio (Savi) ; *Sparviere smeriglio.*

N. v. s. — *Cacciaventu di passa* (Messine) ; *Falcuni di rocca ; Smidigghiu* (Palerme).

Cette espèce, si commune en France, ne se montre en Sicile qu'à l'époque du passage de printemps ; encore n'en voit-on qu'un très-petit nombre et presque jamais des sujets adultes. L'espèce est répandue en Egypte, selon M. Rüppell.

———

CRESSERELLE (Buff., pl. enl. 401, vieux mâle ; pl. 471, jeune de l'année); Faucon Cresserelle (Temm.); L'épervier des Alouettes (Briss.).

Falco tinnunculus (Linn., Lath., Meyer., Temm., Savig., Cuv., Vieill., pl. 16, f. 1 et 2. Roux, pl. 39 et 40. Swains.).

Gheppio (Savi) ; *Falco acertello o di tore.*

N. v. s. — *Tistareddu, cristareddu* (Palerme) ; *Cac-*

4

ciaventu (Messine) ; *Cerniventu* (Castrogiovanni) ; *Cazza-ventu* (Syracuse, Catane).

La cresserelle est au moins aussi commune en Sicile qu'en France. On la trouve dans les campagnes et dans les villes où elle niche, soit sur des arbres, soit entre des rochers, soit dans les crevasses de vieux murs et de vieux édifices.

Elle habite également l'Egypte, la Nubie et l'Algérie.

———

CRESSERELLETTE (Expéd. de Morée, atlas, pl. 2, mâle adulte, et pl. 5, la femelle) ; Faucon Cresserellette (Temm., atlas du manuel, le mâle) ; Faucon Cresserine (Vieill., pl. 16, f. 3. Roux, pl. 41, mâle adulte). La petite Cres-serelle (Cuv.).

Falco tinnunculoïdes (Natter., Temm., Schintz) ; *Falco tinnuncularius* (Vieill., Roux) ; *Falco cenchris* (Frisch., Naum., Cuv.) ; *Falco gracilis* (Less.) ; *Falco naumanni* (Fisch.) ; *Falco xanthonyx* (Natter.)

Falco grillajo (Savi) ; *Falco di torre diverso.*

N. v. s. — *Cacciaventu furasteri* (Messine) ; *Farcuni di Malta* (Palerme).

Cette jolie petite espèce de faucon, assez répandue en Morée et dans tout le nord de l'Afrique, n'est que de passage accidentel en Dalmatie, en Italie et en Sicile. Elle a été trouvée dans cette dernière contrée aux diverses époques de l'année, ce qui prouve que son passage est irrégulier. J'en ai vu à Trieste un exemplaire récemment tué près de cette ville. Le passage de ce faucon est plus fréquent à Malte et dans le sud de la Dalmatie. On m'a annoncé à Pise, ainsi que M. Cantraine l'a écrit à M. Temminck, que beaucoup de cresserellettes avaient été observées en Toscane dans l'été de 1827.

Un sujet de cette espèce a été tué dans le département du Calvados, près de Falaise, et se trouve dans la collection de M. de la Fresnaye. J'en ai reçu, de l'Algérie, un sujet tué à Lacalle, au mois de décembre.

————

FAUCON KOBEZ (Temm.); Faucon kober (Roux, pl. 34, le vieux mâle; pl. 35, f. 1, mâle adulte; f. 2, tête du jeune mâle; pl. 36, jeune mâle passant à l'état d'adulte. Vieill., pl. 14, f. 2, vieux mâle; f. 3, tête de la femelle); Cresserelle grise (Cuv.); Faucon à pieds rouges ou Kobez (Temm., manuel, 1er vol.); *Le Kober* (Sonnini, la femelle); variété singulière du Hobereau (Buff., pl. enl. 431, mâle adulte).

Falco rufipes (Beseke, Temm., Vieill., Bechst., Meyer., Cuv., Swains.); *Falco vespertinus* (Gmel., Lath.).

Falco cuculo (Savi); *Falco barletta piombina* (l'adulte); *Falco barletta mischia* (le jeune).

N. v. s. — *Albaneddu a causi russi* (Messine); *Falcu palumbu* (Palerme).

Le passage de ce joli oiseau en Sicile est très-accidentel. Dans certaines années, notamment en 1835, il s'y est montré en grand nombre et on a tué beaucoup d'adultes des deux sexes ainsi que des jeunes aux environs de Messine.

Ce faucon est de passage habituel sur la côte de Gênes, mais en petit nombre. On cite en Provence un passage abondant qui a eu lieu en novembre 1821.

On assure que le kobez niche quelquefois dans les forêts des Hautes-Pyrénées et même sur des peupliers dans les prairies. Sa ponte est de quatre œufs ayant beaucoup d'analogie avec ceux de la cresserelle.

————

IIe *DIVISION.* — AIGLES (Temm., Cuv.); *Falco* (Linn., Temm.);
Aquila (Meyer., Swains.); Fam. des Falconidées; s. f. des Aquilinées (Sw.).

AIGLE ROYAL (Buff., pl. enl. 410, la femelle ad. Temm.);
Aigle commun et Aigle royal (Cuv.); Aigle commun (Buff.,
pl. enl. 409, le jeune. Roux, pl. 6. Vieill., pl. 4, f. 1).

Falco fulvus (Linn., Temm.); *Aquila fulva* (Meyer);
Aquila fulva et *chrysaëtos* (Vieill.); *Falco fulvus, niger*
et *melanaetos* (Gmel.); *Fulvus canadensis* (Gm., Lath.);
Aquila regia (Less.); *Falco chrysaëtos* (Linn.); *Id.,* la
femelle (Lath.), *Aquilo chrysaëtos* (Swains.).

Aquila reale (Savi).

N. v. s. — *Arpa.*

Cet aigle, commun dans l'ouest et le nord de l'Europe,
se trouve fréquemment en Suisse et en Sicile et rarement
dans les Pyrénées. On le voit accidentellement dans le
nord de la France, et il est de passage dans plusieurs
départements du midi, notamment dans la Drôme, les
Hautes-Alpes, etc.

L'aigle royal ne se trouve en Sicile que dans les localités montueuses et boisées où il niche, soit dans les
crevasses des rochers escarpés, soit sur les vieux chênes
les plus élevés. En 1836 et en 1837, on en a découvert
plusieurs nichées dans le bois de Fiumedinisi, près Messine, où cet aigle habite toute l'année. Ces aires se composaient de branchages, de bûchettes et de feuilles mortes.
M. Luighi Benoit, de Messine, dont les observations m'ont
été d'un si grand secours, annonce que des chasseurs
dignes de foi ont vu, dans la forêt précitée, un couple
d'aigles royaux donnant la chasse aux petits mammifères
de la manière suivante : l'un de ces oiseaux faisait une
battue sur le terrain en agitant fortement ses ailes contre

les buissons et les herbages, tandis que l'autre se plaçait en embuscade à une certaine distance et épiait tout ce qui allait paraître. Un lapin ou un lièvre venait-il à être découvert, l'aigle fondait sur cette proie, l'enlevait et l'avait bientôt partagée avec son compagnon.

J'ai reçu l'aigle royal de l'Algérie.

———

AIGLE CRIARD (Savig., Egypte, pl. 2, le jeune. Temm., Cuv.); le petit Aigle (Buff., Cuv.); Aigle tacheté (Cuv.); Aigle plaintif (Vieill., pl. 4, Roux, pl. 7, le jeune mâle; pl. 8, la jeune femelle).

Falco nœvius (Linn., Temm.); *Aquila nœvia* (Meyer, Sw.); *Aquila planga* (Vieill.); *Falco maculatus* (Gmel., Lath.); *Aquila melanaetos* (Savig.); *Aquila bifasciata* (Brehm.); *Aquila fusca* (Briss. pl. 7);

Aquila anatraja (Savi).

N. v. s. — *Tucco lossia.*

Cet aigle, rare en France et même en Suisse, habite le centre de la Sicile où il construit sur les arbres les plus élevés une aire composée de branchages, de feuilles et de haillons.

Une nichée composée de deux aiglons fut découverte gisant au milieu de squelettes de lapins et de reptiles; mais ce qui occasionna le plus grand étonnement, ce fut de trouver au-dessous de cette grande aire sept nids de *fringilla montana* contenant des œufs et des petits, et que ces faibles conirostres n'avaient pas craint d'établir dans le voisinage d'un ennemi aussi redoutable.

On trouve l'aigle criard dans le nord de l'Afrique.

Cette espèce a été tuée huit ou dix fois à ma connaissance dans le nord et l'est de la France.

———

AIGLE BONELLI (Temm.); Aigle à queue barrée (Vieill., pl. 166, f. 1).

Falco bonelli (Temm., pl. col. 288, femelle non adulte); *Aquila bonelli* (Swains.); *Aquila fasciata* (Vieill.).

N. v. s. — *Ajuculaccia.*

Cette belle espèce se trouve dans le nord de l'Afrique, en Sardaigne et en Grèce. Je ne connais que trois captures de cet aigle en France quoique l'on prétende qu'il niche quelquefois sur des rochers escarpés du département des Bouches-du-Rhône. Il n'est pas rare en Sicile où il niche sur les parties inaccessibles des montagnes et non loin des lieux humides. Sa nourriture consiste en oiseaux aquatiques et, à défaut, de petits mammifères. Son aire est composée des mêmes éléments que celle des autres aigles. La ponte est toujours de deux œufs.

M. le chevalier de la Marmora a donné, le premier, une description détaillée des différents âges de l'aigle Bonelli et y a joint de belles figures dans les mémoires de l'Académie royale des sciences de Turin, tome 37, p. 100 et suiv.

Quelques naturalistes prétendent à tort que ce sont les très-vieux mâles et non les jeunes des deux sexes qui ont les parties inférieures d'un blanc pur avec plus ou moins de petites stries brunes le long des baguettes.

———

AIGLE PÊCHEUR (Cuv.); *Falco* (Linn., Temm.); *Aquila* (Sw.); *Haliætus* (Savig.).

PYGARGUE (Cuv., Vieill.); L'orfraie (Cuv.); Aigle pygargue (Temm.); Grand pygargue, le vieux, et orfraie ou grand aigle de mer, le jeune (Buff., pl. enl. 112, jeune de l'année; pl. 415, jeune d'un à deux ans); Aigle de mer (Savig.).

Falco albicilla (Linn., Lath., Temm.); *Aquila albi-cilla* (Sw., Selby., pl. 3); *Vultur albicilla* (Linn.); *Falco albicaudus*, *ossifragus et malanaëtos* (Gmel.); *Haliœtos nisus* (Vieill., pl. 5, fig. 1 et 2. Roux, pl. 9 et 10); *Haliœtus nisus* (Savig., Less.); *Pygargus et ossifraga* (Aldrov.); *Haliœtos albicilla, orientalis, borealis, islandicus et groënlandicus* (Brehm., pl. 5).

Aquila di mare (Savi).

Cet aigle paraît très-rare sur les côtes de Sicile et n'y a été observé qu'une seule fois à ma connaissance. Il est aussi de passage sur les côtes d'Italie, d'Egypte et de Dalmatie.

———

BALBUZARD (Cuv., Temm.); Falco (Linn., Temm.); Pandion (Savig., Cuv., Sw.); Falco (Linn., Temm.); Fam. des Falconides; s. f. des Aquilinées (Sw.).

Balbuzard (Buff., pl. enl. 414. Cuv.); Aigle balbuzard (Temm.); Balbuzard orfraie (Less.); Aigle de mer. Balbuzard d'Europe (Vieill., pl. 6, f. 1).

Falco haliaëtus (Linn., Lath., Temm.); *Pandion fluviatilis* (Savig., Vieill., Roux, pl. 11. Lafresn.); *Pandion haliœetus* (Swains.); *Aquila haliaëtos* (Briss.).

Falco pescatore (Savi).

N. v. s. — *Cefalaru.*

Cette espèce si répandue en Europe et commune dans plusieurs contrées du nord-est, ne se rencontre qu'assez rarement en Sicile et seulement au printemps. On en tue quelques-uns à cette époque notamment auprès des petits lacs situés non loin du phare de Messine. Le nom donné à cet oiseau par les Siciliens provient de la pêche qu'il fait de petits poissons vulgairement appelés *Cefalo* et dont abondent les eaux saumâtres. Le Balbuzard habite aussi l'Arabie, selon M. le docteur Rüppell.

CIRCAÈTE (Vieill., Cuv.); *AIGLE* (Temm.); *CIRCAETUS* (Vieill., Cuv., Sw.); *FALCO* (Linn., Lath., Temm.); Fam. des FALCONIDÉES; s. f. des Aquilinées (Sw.).

JEAN LE BLANC (Cuv., Buff., pl., enl., 413); Aigle jean le blanc (Vieill. faune fr., pl. 6 et gal. des ois., pl. 12. Roux, pl. 12).

Falco brachydactylus (Wolf., Temm.); *Circaëtus gallicus* (Vieill., Cuv., Less.); *Pygargus* (Briss.); *Falco gallicus* (Gmel., Lath.); *Falco leucopsis* (Bechst.); *Falco longipes*, le jeune (Nils.); *Aquila brachydactyla* (Meyer); *Circaëtos gallicus* (Bonap.).

Biancone (Savi).

N. v. s. — *Aculaccia.*

Cette espèce jadis si commune en France et si rare aujourd'hui, est de passage régulier sur les côtes de Gênes et de Sardaigne, et seulement de passage accidentel en Sicile. Elle a été observée en Egypte et en Arabie par M. le docteur Rüppell.

———

IIIe *DIVISION*. — AUTOURS (Temm.); *FALCO* (Linn., Temm.); *ASTUR* (Bechst., Briss., Cuv., de Lafresn.); *DÆDALION* (Savig.); Fam. des FALCONIDÉES; s. f. des Accipitrinées (Sw.).

AUTOUR (Temm., atlas du manuel, vieux mâle. Buff., pl. enl. 418, l'adulte; pl. 461 et 425, jeunes sous le nom d'Autour sors); Autour ordinaire (Cuv.); Epervier-Autour (Vieill., pl. 18, f. 1 et 2. Roux, pl. 45, adulte).

Falco palumbarius (Linn., Lath., Temm., Meyer.); *Astur palumbarius* (Briss., Bechst, de Lafresn.); *Aster palumbarius* (Swains.); *Sparvius palumbarius* (Vieill.); *Dœdalion palumbarius* (Savig., Lesson.).

Astore (Savi); *Sparvière da Colombi; Sparvière terzuolo* (le jeune).

N. v. s. — *Spraviruni, Nibiu* (Messine); *Pirniciaru* (Castrogiovanni).

Cette espèce, rare en Sicile, y niche néanmoins dans les forêts élevées. On en tue quelquefois aux environs de Palerme, et on assure qu'elle habite toute l'année dans le bois de Fiumedinisi, près Messine, où elle se nourrit de petits mammifères et d'oiseaux.

L'autour se trouve en Egypte aussi bien que dans une grande partie de l'Europe.

———

EPERVIER (Temm. Buff., pl. enl. 467, mâle adulte, sous le nom de Tiercelet hagard d'Epervier; pl. 412, une vieille femelle); Epervier commun (Cuv., Vieill., pl. 17. Roux, pl. 42, mâle adulte; pl. 43, jeune de l'année; pl. 44, femelle adulte. Encyclop., pl. 205, f. 4).

Falco nisus (Linn., Lath., Temm., Meyer); *Accipiter fringillarius* (Swains.); *Sparvius nisus* (Vieill., Roux); *Dœdalion fringillarius* (Savig.); *Nisus communis* (Cuv., Less.); *Accipiter nisus* (Bonap.).

Sparviere (Savi); *Sparviere da fringuelli.*

N. v. s. — *Spriveri* (Cupani); *Spraveri* (Messine); *Falchettu* (Castrogiovanni).

Cette espèce est très-commune en Sicile, à la double époque du passage, et on n'y a jamais observé l'espèce ou race indiquée par plusieurs naturalistes sous le nom de *falco nisus major.*

MM. Becker et Meisner prétendent qu'en Suisse les deux espèces sont bien caractérisées. M. Delahaye et M. Degland partagent cette opinion, contredite par M. Schintz et M. Jules Delamotte. Je suis porté à penser, avec ces derniers, que le grand épervier n'est autre qu'une vieille femelle de l'espèce commune, et je suis demeuré

5

dans cette opinion, même après avoir vu une femelle du *nisus major* dans le cabinet de M. Degland, à Lille.

M. Zahnd, préparateur du muséum, à Berne, ayant examiné avec soin un grand nombre d'éperviers, m'a assuré n'avoir jamais pu distinguer les deux espèces signalées. Enfin, M. Holandre, mon prédécesseur dans la direction du cabinet de zoologie de la ville de Metz, ayant ouvert beaucoup d'éperviers d'assez grande taille, n'a jamais reconnu que des femelles plus ou moins adultes.

Il est probable que les *falco nisus major,* si rares jusqu'à ce jour, quoique l'attention de tous les ornithologistes modernes ait été appelée à leur égard, sont des sujets de l'espèce commune, ayant éprouvé, comme celui de la collection de M. Degland, quelque altération, soit par le climat, soit par la nourriture, soit par des maladies, ainsi que cela a lieu dans plusieurs espèces.

L'épervier se trouve en Egypte et en Algérie, d'où j'ai reçu des exemplaires tués au mois de février, dans les oliviers, au pied des montagnes ; ils ne diffèrent pas des nôtres.

———

IVe *DIVISION.* — Genre MILAN (Temm., Cuv.); *MILVUS* (Bechst., Cuv., Sw.); *FALCO* (Linn., Temm.); Fam. des FALCONIDÉES; s. f. des Buteoninées (Sw.).

MILAN ROYAL (Buff., pl. enl. 422. Temm.); Milan commun (Cuv.).

Falco Milvus (Linn., Lath., Temm., Meyer); *Milvus regalis* (Vieill., pl. 7. Briss., Roux, pl. 26 et 27. Nils., Swains.); *Falco austriacus,* le jeune (Gmel., Lath.); *Milvus ictinus* (Savig.); *Milvus vulgaris* (Rüpp.).

Nibbio reale (Savi).

N. v. s. — *Nigghiù* (Messine); *Miluini* (Catane); *Miula* (Palerme).

Cet oiseau niche sur les arbres les plus élevés des forêts de la Sicile. On le trouve dans toutes les localités et dans toutes les saisons. Habite aussi l'Egypte et l'Algérie.

Milan noir ou Etolien (Temm.); Milan noir (Cuv., Buff., Savig., pl. 3, f. 1); Milan Etolien (Vieill., pl. 7, f. 2. Roux, pl. 28).

Falco Ater (Linn., Gm., Brehm., Meyer, Naum., pl. 31. Lath.); *Falco fusco ater* (Meyer); *Falco ægyptius* (Gmel.); *Milvus œtolius* (Savig., Vieill., Swains.).

Nibbio nero (Savi).

N. v. s. — *Nigghiù di passa; Nigghiù niuru.*

Ce milan, répandu dans le nord de l'Afrique, est peu commun en Sicile; néanmoins on en voit assez souvent dans l'intérieur de l'île et un sujet a été tué en avril 1834 près Messine.

Vᵉ *DIVISION.* — Genre ELANION (Temm.); *Elanus* (Savig., Sw.); *Falco* (Linn., Temm.); Fam. des Falconidées; s. f. des Cymindinées (Swains.).

Elanion blac (Temm.); Le Blac (Cuv., Levaill., ois. d'Afr., t. 1, pl. 36, l'adulte; pl. 37, le jeune); Le Couhyeh (Savig.); Elanoïde Blac (Vieill., Audouin).

Falco melanopterus (Lath., Temm., Daud.); *Elanus melanopterus* (Swains.); *Elanus cœsius* (Savig., Egypte, pl. 2, f. 2); *Falco Ægyptius ater* (Gmel.); *Elanoïdes cœsius* (Vieill., Levaill.).

Cette espèce, que j'ai reçue de l'Algérie et qui est commune en Egypte, est de passage en Sicile, notamment à l'automne. On l'a aussi observée fréquemment en Espagne, en France, en Dalmatie et dans plusieurs autres parties de l'Europe. Deux exemplaires ont été tués en Flandre et en Picardie.

———

VIe DIVISION. — Genre BUSE (Temm.); *Buteo* (Bechst., Sw.); *Falco* (Linn., Temm.); Fam. des FALCONIDÉES; s. f. des Buteoninées (Sw.).

BUSE COMMUNE (Cuv., Temm.); La Buse (Buff., pl. enl. 419); Buse à poitrine barrée et Buse changeante (Vieill., pl. 8. Roux, pl. 20, 21 et 22); Aigle de Gottingue (Sonnini).

Falco buteo (Linn., Temm.); *Buteo vulgaris* (Swains., North. zool., pl. 27); *Buteo fasciatus* et *Buteo montanus* (Vieill.); *Falco variegatus, albidus, glaucopis, versicolor;* variétés (Gmel.).

Falco Cappone (Savi).

N. v. s. — *Falcunazzu.*

Peu d'espèces varient autant que la buse et ont donné lieu à une si grande divergence d'opinions entre les ornithologistes modernes. Contrairement à Vieillot, M. Temminck, comme Cuvier et autres, ne forme qu'une espèce de la buse changeante et de la buse commune ou à poitrine barrée. J'ai adopté cet avis avec une entière conviction, car après avoir visité les principales collections ornithologiques de la France, de l'Italie, de l'Allemagne, de la Suisse, de l'Angleterre, de la Hollande et de la Belgique, je me suis trouvé à même d'examiner des séries de sujets formant le passage insensible des deux prétendues espèces entre elles, et je suis demeuré convaincu que les différences observées ne proviennent que de l'âge, de la mue périodique plus ou moins hâtive, selon le climat, et enfin de quelques maladies. On ne voit guères de buses en Sicile qu'à l'époque des passages, et le petit nombre de sujets

qu'on tue à ces époques, joint au défaut de collections
d'ornithologie, n'a pas permis de s'assurer si l'oiseau dont
M. Savi forme une espèce sous le nom de *falco pojana,*
e mêle à la buse commune en Sicile. Au reste, l'existence
le cette nouvelle espèce est encore douteuse, au moins
'n Europe : les marchands de Paris vendent bien, sous le
nom de *pojana* ou buse du Portugal, une buse différente,
il est vrai, de la buse ordinaire; mais on assure qu'elle
est exotique et qu'elle provient d'Egypte ; et d'ailleurs
elle ne ressemble point au *falco pojana* des collections
d'Italie, qui pourraient bien n'être que des jeunes buses
ordinaires.

Voici ce que me dit à ce sujet, le célèbre directeur
du muséum de Francfort-sur-Mein, le docteur Rüppell :
« J'ai reçu de M. Savi, lui-même, une *buteo pojana* et
» j'ai reconnu que c'était le même oiseau que celui que
» j'avais rapporté d'Abyssinie , et que j'ai nommé *buteo*
» *sagitta* dans ma Faune abyssinienne. Depuis, j'ai sup-
» primé cette description, m'étant aperçu de l'identité
» de cet oiseau avec l'espèce du professeur de Pise. La
» buse pojana a constamment les ailes de près de quatre
» centimètres plus longues que la buse commune , et les
» pieds tant soit peu plus faibles. J'ai parfois observé aux
» environs de Francfort des buses ayant exactement le
» même plumage, mais je n'attache point d'importance
» à ces légères variétés. »

BONDRÉE (Cuv.); *Buse Bondrée* (Temm.); *Pervis* (Cuv., Swains.);
Falco (Linn., Temm.); Fam. des Falconidees; s. f. des Buteoninées (Swains.).

BONDRÉE (Buff., pl. enl. 420, un jeune de l'année);
Bondrée commune (Cuv.); Buse bondrée (Temm.,
Vieill. pl. 9. Roux, pl. 23, femelle adulte, pl. 24
le jeune de l'année.

Falco apivorus (Linn., Lath., Temm.); *Pernis api-*
vorus (Briss., Vieill.); *Pernis communis* (Less.); *Buteo*
apivorus (Briss., Vieill.); *Pernis apium et vesparum*
(Brehm.); *Falco poliorinchos* (Bechst.).

Falco picchiajuolo (Savi).

N. v. s. — *Arpegghia di passa.*

Peu d'espèces varient autant que la bondrée suivant
le sexe et l'âge. C'est principalement au passage de
printemps que l'on en voit quelques-unes en Sicile, et
M. Luighi Benoît en a tué près de Messine un mâle
adulte ainsi qu'un jeune de l'année. Observée par
M. Rüppell en Egypte et en Arabie.

———

VII° *DIVISION*. — Genre BUSARD (Temm., Cuv.); CIRCUS
(Bechst., Cuv., Sw.); *FALCO* (Linn., Temm.); Fam. des FALCO-
NIDEES; s. f. des Buteoninées (Sw.).

BUSARD SAINT-MARTIN (Temm.); Oiseau Saint-Martin
(Buff. pl. enl. 459, l'adulte, pl. 443, la jeune femelle;
et pl. 480, le jeune mâle, sous le nom de Soubuse);
Busard soubuse (Vieill., pl. 11. Roux, pl. 16 et 17);
Faucon à collier (Briss.); Busard grenouillard (Vaill.);
Busard roux (Vieill., ois. d'Amér. sept. vol. 1, pl. 9).

Falco cyaneus (Temm., Montagu., Meyer, Gmel.);
Circus cyaneus (Swains.); *Circus gallinarius* (Schaw.,
Savig., Vieill.); *Falco bohemicus, albicans, griseus,*
montanus, hudsonius et Buffonii (Gmel.); *Falco py-*
gargus (Gmel., Lath.); *Falco rubiginosus et ranivorus*
(Lath.); *Strigipes pygargus* (Bonap.); *Falco strigiceps*
(Nilss.).

Albanedda reale (Savi); *Falco albanedda; Falco*
con il collare.

N. v. s. — *Albaneddu jancu:*

Ce busard est assez commun en Sicile lors du passage qui s'effectue au printemps ; l'on en prend alors souvent près de Messine dans les filets que tendent les oiseleurs le long de la plage. Cette espèce ne se trouve pas en Sicile dans les autres saisons, quoiqu'elle soit répandue en Egypte. J'en ai reçu de l'Algérie un exemplaire tué au mois de février dans la province de Bône.

Busard montagu (Temm., Vieill., pl. 12. Roux, pl. 18 le mâle, pl. 19, le jeune); Busard cendré (Cuv.).

Falco cineraceus (Montagu., Temm.); *Circus montagui* (Vieill., Sw.); *Falco cineraceus montagu* (Meyer); *Strigiceps cineraceus* (Bonap.).

Albanella piccola (Savi).

N. v. s. — *Albaneddu raru* (B.).

Ce busard si commun en Hollande et qui niche souvent sur les côtes de Normandie, dans les champs plantés d'ajonc marin (*ulex europœus*), se trouve en Sicile dans les environs de Catane et de Syracuse.

Il paraît très-rare dans les environs de Messine, où l'on n'a tué que de jeunes sujets; mais je pense qu'il a été confondu avec le Busard Saint-Martin et que mieux observé on le trouvera répandu dans beaucoup de localités dans lesquelles il était inconnu jusqu'à ce moment. Ce busard se trouve fréquemment en Bretagne, selon M. Sganzin, et on l'y voit dans tous les âges et dans toutes les saisons. J'en ai reçu plusieurs exemplaires de la province de Bône où il paraît assez commun.

BUSARD BLAFARD (Temm.); Busard pâle (Degland).

Falco pallidus (Sykes, Gould, Temm.); *Circus pallidus ; Circus cinereus* (Bonap.).

Cette espèce long-temps confondue avec le busard Saint-Martin est commune en Espagne et de passage accidentel en Sicile, en Italie, en Dalmatie, en France et en Allemagne.

———

BUSARD HARPAYE OU DE MARAIS (Temm.); Busard de marais et la harpaye (Vieill., pl. 10, f. 1 et 2. Roux, pl. 13, jeune d'un à deux ans, pl. 14, l'adulte, et pl. 15 jeune d'un an); La harpaye (Cuv., Savig., Buff., pl. enl. 460); Busard de marais (Buff. pl. enl. 424, jeune d'un an); Le Busard (Savig.); Busard roux (Briss.).

Falco rufus (Linn., Temm., Lath., Meyer, Naum., pl. 57, la vieille femelle, pl. 58, f. 1, jeune mâle, f. 2, jeune femelle); *Circus rufus* (Briss.); *Falco æruginosus* (Lath., Gmel.); *Falco arundinaceus* (Bechst.); *Circus palustris* (Briss.); *Circus rufus et æruginosus* (Savig., Vieill., Less.); *Circus æruginosus* (Bonap.).

Falco di pulude (Savi); *Falco castagnolo.*

N. v. s. —*Lagornia* (Cupani); *Arpegghia* (Messine); *Arpia* (Syracuse); *Culoccia* (Catane).

Ce busard répandu dans le nord de l'Afrique, habite en Sicile toute l'année dans les marais de Lentini, aux environs de Catane, ainsi qu'entre le fleuve Anapus et la rivière de Cyane. Il y niche régulièrement, et les jeunes ne s'éloignent guères d'une localité qui leur offre une nourriture abondante; aussi la harpaye est-elle très-commune en Sicile pendant toute l'année. Les jeunes *porphyrions* et les autres espèces dont abondent les marais de Catane, n'ont pas de plus cruel ennemi que ce busard. Les naturalistes sont en dissidence complète sur le point de savoir si la harpaye et le busard des marais forment deux espèces distinctes, ainsi que le prétendent notamment Buffon, Savigny, Vieillot et Lesson.

S'il m'est permis de formuler ici une opinion sur une question qui divise nos plus savants ornithologistes, je n'hésite pas à déclarer qu'après avoir visité la belle collection du muséum de Leyde et la plupart de celles de l'Europe, j'ai partagé l'avis de M. Temminck qui ne forme qu'une seule espèce de la harpaye et du busard de marais.

Si la harpaye est le vieux mâle, comme l'affirme le savant directeur du muséum des Pays-Bas, cela explique comment les deux prétendues espèces vivent en commun en Sicile et pourquoi la harpaye est plus rare que le busard de marais dans toute l'Europe.

Voici, en outre, ce que me marque M. Bruch, au sujet de ces deux prétendues espèces : « *Falco œruginosus* » est, à n'en point douter, le jeune de *Falco rufus*. Cet » oiseau se trouve assez fréquemment sur le vieux » Rhin à six lieues de Mayence, et j'en ai déjà obtenu » un très-grand nombre. Les vieux mâles ont ordinai- » rement les parties inférieures très-blanches ; néanmoins » j'en possède un qui est presque tout noir, et j'en ai » aussi obtenu des jeunes pris au nid ; je m'estimerais » heureux, ajoute en terminant cet honorable natu- » raliste, si je connaissais les autres espèces aussi bien » que celle-là. »

2° **RAPACES NOCTURNES.**

CHOUETTES ; *Strix* (Linn., Cuv., Temm.); Fam. des **Strigidées** (Swains.).

DIVISION I. — CHOUETTES proprement dites (Temm.); *Strix* (Savig., Cuv., Sw.).

Effraie ou Fresaie (Buff., pl. enl. 440 et 474. Cuv.); Chouette effraie (Temm., Vieill., pl. 22, f. 1. Roux, pl. 54, l'adulte, et pl. 55, le jeune au nid. Encycl., pl. 200, f. 4).

Strix flammea (Linn., Temm., Cuv., Less., Vieill., Lath., Naum., Swains., Selby, pl. 124); *Bubo siculus* (Cupani).

Barbagianni (Savi); *Alloco comune e bianco.*

N. v. s. — *Varvajanni* (Messine); *Striula* (Messine); *Piula* (Catane, Syracuse).

C'est la chouette la plus commune en Sicile; on en voit dans tous les clochers, dans tous les vieux édifices et dans toutes les campagnes, où son cri ou plutôt son ronflement se fait souvent entendre de loin.

CHAT-HUANT (Cuv.); *Syrnium* (Savig., Cuv.); *Strix* (Linn., Temm.).

Hulotte (Buff., pl. enl. 441, l'adulte, et pl. 437, une femelle ou un jeune sous le nom de Chat-Huant. Roux, pl. 50, le mâle; pl. 51, la femelle, et pl. 52, le très-jeune. Encycl., pl. 209, f. 3, et f. 1, sous le nom de Chat-Huant, la femelle); Chouette Hulotte (Temm.); Chouette des bois, Chat-Huant, Hulotte (Cuv.); Chouette Chat-Huant (Vieill., pl. 21, f. 1, le vieux mâle, et f. 2, la femelle ou le jeune mâle sous le nom de Chouette Hulotte).

Strix aluço (Linn., Temm., Naum., Swains., Vieill., la femelle adulte); *Strix stridula* (Vieill., le vieux mâle); *Syrnium ululans* (Savig.).

Gufo selvatico (Savi).

N. v. s. — *Cucca di passa* (Messine); *Fuanu* (Catane, Syracuse).

Cette espèce habite les localités montueuses et boisées et elle ne paraît presque jamais en plaine. Plusieurs nichées de hulotte ont été élevées avec soin, et l'on a pu se convaincre que Vieillot et Buffon étaient dans l'erreur en faisant deux espèces distinctes du mâle adulte et de la femelle ou du jeune mâle.

J'en ai reçu des exemplaires de l'Algérie.

———

CHEVÊCHE (Cuv., Temm.); STRIX (Linn., Temm.); NOCTUA (Savig., Cuv.).

CHEVÊCHE (Savig., Vieill., pl. 4, f. 2. Roux, pl. 53); Chevêche ou petite Chouette (Buff., pl. enl. 439); Chevêche commune (Cuv.).

Strix passerina (Temm., Less., Vieill., Lath., Gmel., sed non Linnœi); *Strix nudipes* (Nilsson); *Strix noctua* (Retz): *Noctua minor* (Briss.); *Noctua glaux* (Savig., atlas d'Egypte); *Athene noctua* (Bonap.); *Noctua passerina* (Swains.).

Civetta (Savi).

N. v. s. — *Cucca.*

Cette chouette est très-commune en Sicile, et on la trouve, comme dans plusieurs parties de l'Europe et en Egypte, non-seulement dans les campagnes, mais même dans les villes où elle habite les vieux édifices.

J'ai reçu de Gênes une chevêche que j'avais d'abord
regardée comme la chevêche méridionale de Risso; mais
un examen plus attentif m'a démontré que ce n'était
qu'une légère variété et un sujet encore jeune. Je suis
porté à croire qu'il en est de même de la chevêche de
Risso, car elle n'a jamais été retrouvée sur les côtes de
Gênes et de Provence.

———

DIVISION II. — HIBOUS (Temm.); *STRIX* (Linn., Temm.); *Otus*
(Cuv., Swains.); Fam. des STRIGIDÉES (Sw.).

HIBOU BRACHYOTE (Temm.); Chouette ou grande Chevêche (Buff.); Chouette caspienne et Duc à courtes
oreilles (Sonnini, édit. de Buff.); Chouettes à aigrettes
courtes (Vieill., pl. 20, f. 5. Roux, pl. 49, le mâle).

Strix brachyotos (Lath., Temm., Vieill., Naum.,
Meyer); *Strix ulula* (Gmel., Encycl., pl. 210, f. 1);
Strix brachyura (Nilsson); *Otus brachyotos* (Swains.).

Alloeco di palude (Savi).

N. v. s. — *Orva* (Palerme, Messine); *Leu* (Fiumedinisi).

Ce hibou est très-commun l'été dans les forêts montueuses de la Sicile. L'hiver il descend en plaine et habite
les lieux marécageux où il trouve une nourriture abondante. Il fait quelquefois entendre son cri monotone
pendant le jour. Le hibou brachyote habite aussi le nord
de l'Afrique.

———

HIBOU MOYEN-DUC (Temm.); Moyen-Duc ou Hibou
(Buff., pl. enl. 29); Hibou commun ou Moyen-Duc
(Cuv.); Chouette-Duc (Vieill., pl. 19, f. 2. Roux, pl. 47,
l'adulte. Encycl., pl. 206).

Strix otus (Linn., Lath., Temm., Naum., Vieill.,

Lesson); *Otus communis* (Lesson); *Bubo otus* (Savig.);
Otus europœus (Swains., Selby, pl. 120).

Allocco (Savi).

N. v. s. — *Gufu* (Castrogiovanni); *Fuganu* (Palerme,
Messine).

Le hibou moyen-duc est commun en Sicile dans les
grandes forêts et dans les localités montueuses. On le
voit rarement dans les plaines.

———

Hibou ascalaphe (Temm.); Hibou à huppes courtes
ou ascalaphe (Vieill.); Hibou Ascalaphe ou d'Egypte
(Audouin, atlas d'Egypte); Hibou d'Egypte (Savig., atlas
d'Egypte, pl. 3, f. 2); Grand Hibou à huppes courtes
(Cuv.); Hibou à huppes courtes (Temm., pl. col. 57).

Strix ascalaphus (Audouin, atlas d'Egypte. Temm.);
Strix ascalaphos (Vieill.); *Bubo ascalaphus* (Savig.,
Egypte); *Otus ascalaphus* (Cuv., Swains.).

N. v. s. — *Cucca furastera.*

Ce hibou, qui est originaire d'Egypte et que l'on rencontre quelquefois en Sardaigne, visite aussi très-accidentellement le midi de la Sicile.

Selon Pennant (British zool., pl. 8, n° 3), cet oiseau
aurait été tué en Ecosse ; néanmoins il faut avouer que
cela paraît peu probable, ainsi que le fait observer M. de
Lafresnaye (Dict. d'hist. natur.).

———

DUC (Cuv.); BUBO (Cuv.); STRIX (Linn., Temm.); ASIO (Swains.);
Fam. des STRIGIDEES (Sw.).

GRAND-DUC (Cuv., Vieill., pl. 19, f. 1. Roux, pl. 46);
Hibou Grand-Duc (Temm.).

Strix bubo (Linn., Cuv., Temm., Lath., Vieill.,

Roux); *Bubo europœus* (Lesson, Encycl., pl. 206, f. 3); *Asio bubo* (Swains.).

Gufo reale (Savi).

N. v. s. — *Cuccuni*(Palerme, Messine); *Fuanu* (Catane, Syracuse); *Acidazzu di notti* (Castrogiovanni).

Cet oiseau se trouve fréquemment en Sicile dans les forêts les plus sombres ou dans les localités désertes et sauvages. Durant le jour, il demeure caché dans les grottes et dans les trous des rochers ou des vieux arbres, dont il ne sort que le soir pour donner la chasse aux oiseaux et aux mammifères.

Le grand-duc est plein de force et de courage. Les chiens de M. Luighi Benoit se trouvant à la chasse, attaquèrent un grand-duc qu'ils avaient surpris dans un trou; mais cet oiseau se défendit si vaillamment *unguibus et rostro*, qu'il fit plusieurs blessures aux chiens qui n'osèrent plus s'en approcher.

———

SCOPS (Cuv.); *Scops* (Savig., Cuv., Sw.); *Strix* (Linn., Temm.).

Scops ou Petit-Duc (Buff., pl. enl. 436); Hibou Scops (Temm.); Chouette Scops (Vieill., pl. 20, f. 1. Roux, pl. 48, l'adulte. Encycl., pl. 207, f. 4, sous le nom de Duc rouge); Duc zorca (Sonn., édit. Buff.); Petit-Duc (Savig.); Scops (Cuv.).

Strix scops (Linn., Temm., Cuv., Gmel., Lath., Vieill., Lesson); *Scops ephialtes* (Sav.); *Scops europœus* (Less.); *Strix zorca* et *carniolica* (Gmel.); *Scops zorca* (Swains.).

Assiolo (Savi).

N. v. s. — *Scupiu* (Messine); *Cucca di rocca* (Messine); *Jacobu* (Palerme); *Jacobi*; *Chiodu* (Catane); *Cucca di roccaru* (Syracuse).

C'est là la seule espèce d'entre les rapaces nocturnes de

la Sicile qui émigre chaque année à l'automne. Au printemps, pendant la nuit, elle fait entendre dans les campagnes son cri monotone *chiou*, *chiou*. M. Luighi Benoit prétend que le scops ne se nourrit que d'insectes ; néanmoins, il est certain, ainsi que j'ai eu l'occasion de l'observer en disséquant un de ces oiseaux, qu'il se nourrit aussi de souris, de musaraignes et probablement d'autres petits mammifères et de batraciens. Le scops niche habituellement, en Sicile et en Italie, dans des trous d'arbres, et les jeunes sont couverts d'un duvert brun.

Le scops est assez commun en France, dans les Pyrénées surtout, et l'on prétend qu'il niche dans les forêts du Jura et dans les Vosges, quoiqu'il y soit fort rare. Il a également été observé en Bretagne par M. Sganzin.

Le scops est signalé par M. Lesauvage comme de passage en Normandie, et quelques jeunes sujets ayant été tués il y a peu d'années à Falaise, M. de Lafresnaye pensa qu'ils provenaient d'une nichée qui avait eu lieu dans cette localité.

Cet oiseau habite l'Abyssinie et le nord de l'Afrique. J'en ai reçu de l'Algérie un exemplaire tué à Lacalle, et beaucoup plus roux que ceux d'Europe dans les divers âges.

ORDRE II.

PASSEREAUX (Cuv.); Insessores (Swains.).

Tribu I. — DENTIROSTRES (Cuv.).

Cette tribu correspond à l'ordre des insectivores de
M. Temminck, à l'exception des trois genres ci-après :
Pyrrhocorax, *Pastor* et *Oriolus*, qui font partie des
omnivores de ce dernier naturaliste.

Genre PIE-GRIÈCHE (Cuv.); *Lanius* (Linn., Temm.);
Fam. des Laniadées; s. f. des Lanianées (Swains. et de
Lafresnaye).

Pie-Grièche grise (Buff., pl. enl. 445. Temm., Vieill.,
pl. 64, f. 1. Roux, pl. 152. Encycl., pl. 171, f. 5); Pie-
Grièche commune (Cuv.).

Lanius excubitor (Linn., Temm., Cuv., Vieill., Roux,
Naum.); *Lanius cinereus* (Briss.); *Lanius major* (Cupani).

Averla maggiore (Savi); *Velia cineria*.

N. v. s. — *Gargana*.

Cette espèce se trouve assez fréquemment aux environs
de Palerme et je l'ai observée près de Syracuse; toutefois
elle est très-rare aux environs de Messine, selon M. Luighi
Benoit, qui la croit seulement de passage en Sicile où
elle habite les bois et fréquente aussi les jardins. Ayant
observé cette espèce au mois d'août, en Sicile, je pense

qu'elle y niche, ainsi que la pie-grièche rousse et l'é-corcheur.

———

Pie-Grièche méridionale (Temm., Roux, pl. 153, le mâle).

Lanius meridionalis (Temm., Cuv., Roux).

Averla forestiera (Savi).

Cette espèce, originaire d'Afrique, qui se trouve encore assez fréquemment en Provence, dans le Languedoc, et qui est sédentaire dans quelques parties de l'Espagne et de l'Italie, ne paraît en Sicile qu'accidentellement.

La pie-grièche méridionale diffère essentiellement de la pie-grièche boréale, figurée dans la Faune française de Vieillot, pl. 65, f. 1, ainsi que le fait observer très-judicieusement M. Temminck, manuel, t. 3.

On trouve communément, en Algérie, une pie-grièche qui ne diffère de la méridionale d'Europe que par le défaut de bande sourcilière blanche et par une teinte grise, sur les parties inférieures, au lieu de la teinte vineuse.

———

Pie-Grièche a poitrine rose (Temm.); Pie-Grièche d'Italie (Buff., pl. enl. 32, f. 1); Petite Pie-Grièche dite d'Italie (Cuv.); Pie-Grièche à front noir (Vieill., pl. 64, f. 2, adulte, et f. 3, tête du jeune).

Lanius minor (Linn., Temm., Cuv., Vieill., Roux, pl. 154, f. 1 et 2); *Lanius italicus* (Lath.); *Lanius excubitor minor* (Gmel., Cuv.).

Averla cenerina (Savi); *Velia generia mezzana*.

N. v. s. — *Tistazza* (Messine); *Testa grossa* (Cupani).

Cette espèce, assez rare aux environs de Messine, se

7

trouve fréquemment dans le reste de la Sicile. Elle est beaucoup plus commune en Italie.

———

PIE-GRIÈCHE ROUSSE (Buff., pl. enl. 9, f. 2, le mâle, et non la pl. 31, f. 1, qui est le Lanius collurio. Temm., Vieill., pl. 65, f. 2, le mâle; f. 3, tête du jeune. Roux, pl. 157, mâle adulte, et pl. 158, femelle adulte. Cuv.).

Lanius rufus (Briss., Temm., Naum., Reiz); *Lanius rutilus* (Vieill., Roux, Lath.); *Lanius pomeranus, collurio rufus* (Gmel.).

Averla capirossa (Savi); *Velia maggiore col capo rosso.*

N. v. s. — *Testa rossa,* l'adulte; *Pappajaddiscu,* le jeune (Messine).

Cette pie-grièche n'est pas sédentaire en Sicile où elle arrive au mois d'avril. Après le mois de septembre, on n'en voit plus aucune quoiqu'elle soit très-commune dans les campagnes pendant la belle saison. Elle a l'habitude de se percher sur la cime des arbres les plus élevés, et construit, sur les branches des arbres ou des buissons, un nid qu'elle tisse avec des racines de petites plantes herbacées, odoriférantes, en ayant soin de le garnir intérieurement de coton. La ponte s'élève jusqu'à sept œufs.

M. Ledoux m'annonce que cette pie-grièche n'est pas commune dans la province de Bône.

———

PIE-GRIÈCHE ÉCORCHEUR (Buff., pl. enl. 31, f. 2, le mâle, et f. 1, la femelle, sous le faux nom de Pie-Grièche rousse, femelle. Temm., Vieill., pl. 66, f. 1, le mâle; f. 2, femelle; f. 3, tête du jeune. Roux, pl. 155, mâle; pl. 156, femelle); Ecorcheur (Cuv.).

Lanius collurio (Briss., Temm., manuel, t. 1. Lesson, Gmel., Naum., Vieill., Roux, Retz); *Lanius spini torquens* (Bechst.); *Lanius colluris* (Temm., manuel, t. 3 et 4).

Averla piccola (Savi); *Velia rossa minor.*

N. v. s. — *Tistazza nica.*

Cette pie-grièche arrive en Sicile en même temps que la pie-grièche rousse, et se montre assez rarement aux environs de Messine, quoiqu'elle soit commune du côté de Palerme et dans le reste de l'île.

———

Genre GOBE-MOUCHE (Cuv., Temm.); *Muscicapa* (Linn.); Fam. des MUSCICAPIDÉES; sous-fam. des MUSCICAPINÉES (Sw.).

GOBE-MOUCHE GRIS (Temm., Cuv.); Gobe-Mouche proprement dit (Buff., pl. enl. 565, f. 1); Gobe-Mouche grisâtre (Vieill., pl. 62, f. 2, adulte; f. 3, tête du jeune. Roux, pl. 149, l'adulte).

Muscicapa grisola (Linn., Temm., Cuv., Vieill., Nils., Naum., pl. 64, f. 1); *Butalis montana, pinetorum* et *grisola* (Brehm); *Muscicapa cinerea* (Cupani).

Bocca lepre (Savi).

N. v. s. — *Appappa-Muschi.*

Cette espèce, répandue dans les contrées tempérées de l'Europe, arrive en Sicile au mois de mai et recherche les lieux ombragés. Elle y niche dans les taillis comme cela a lieu dans presque toute la France et l'Italie.

———

GOBE-MOUCHE A COLLIER (Temm. Atlas du manuel, le mâle. Cuv., Vieill., pl. 63, f. 2, mâle en été; f. 3, tête

du jeune. Roux, pl. 151, mâle au print.); Gobe-Mouche
à collier de Lorraine (Buff., pl. enl. 565, f. 2, un sujet
prenant sa livrée complète; id, t. 4, in-4°, pl. 25, f. 2,
vieux mâle).

Muscicapa albicollis (Temm., Cuv., Naum., pl. 65,
f. 1, mâle; f. 2, la femelle); *Muscicapa streptophora*
(Vieill.); *Muscicapa albicollis* et *albifrons* (Brehm);
Muscicapa collaris (Bechst.).

Balia (Savi).

N. v. s. — *Carcarazzedda.*

Cet oiseau arrive en Sicile avant le gobe-mouche gris,
et, dès le mois d'avril, il est répandu dans les jardins des
environs de Messine et de Palerme où il reste peu de
temps. Il est très-probable qu'il se retire alors dans les
forêts pour vaquer aux soins de l'incubation.

Cette espèce niche aussi dans quelques parties de la
France, notamment dans les grandes forêts de la Lorraine allemande.

Je l'ai reçue de l'Algérie où elle avait été tuée au mois
d'avril.

———

GOBE-MOUCHE BEC-FIGUE (Temm., Cuv.); Gobe-Mouche
noir (Vieill., pl. 63, f. 1); Traquet d'Angleterre, l'adulte
(Buff.); Bec-Figue (Buff., pl. enl. 668, f. 1, plumage
d'hiver).

Muscicapa luctuosa (Temm., Cuv., Naum., pl. 64,
f. 2, vieux mâle; f. 3, jeune mâle; f. 4, jeune femelle);
Muscicapa atricapilla (Gmel., Lath., Vieill., Roux, pl.
150, f. 1, mâle adulte en été; f. 2, femelle); *Muscicapa
muscipeta* (Bechst.).

Aliuzza di color bianco.

Les femelles et les jeunes de cette espèce sont très-difficiles à distinguer des femelles et jeunes du gobe-mouche à collier ; aussi ont-elles été confondues en Sicile où elles émigrent toutes deux.

Je pense que les caractères indiqués par M. Temminck et M. Roux, pour distinguer les deux espèces, ne sont pas permanents et infaillibles. Ainsi, M. Luighi Benoit a tué, en Sicile, un gobe-mouche à collier chez lequel la première rémige était plus courte que la quatrième, comme cela a lieu dans les gobe-mouches gris et bec-figues, et un autre sujet femelle ayant un petit miroir blanc sur les rémiges (caractère de l'*albicollis*), avait un rebord blanc aux *trois* pennes extérieures de la queue (caractère de la *luctuosa*, selon M. Temminck, manuel d'ornithologie, 2ᵉ édit., t. 1, p. 156, et t. 3, p. 85). Je suis donc porté à croire que ces divers caractères spécifiques varient dans les jeunes et les femelles, avec l'âge et les mues.

Ce gobe-mouche niche, en France, dans les grandes forêts de la Lorraine allemande et dans le Boulonnais, et il est de passage au printemps et à l'automne dans les Pyrénées. On le trouve aussi communément en Algérie.

———

Genre MERLE (Cuv., Temm.); *TURDUS* (Linn.); Fam. des MÉRULIDÉES ; sous-fam. des MÉRULINÉES (Swains.).

1° SYLVAINS.

DRAINE (Buff., pl. enl. 489); Drenne (Cuv.); Grive Draine (Vieill., pl. 67, f. 2, adulte, et f. 3, tête du jeune); Merle Draine (Temm.).

Turdus viscivorus (Linn., Temm., Cuv., Vieill., Lath.); *Turdus major* (Briss.); *Sylvia viscivora* (Savi).

Tordela (Savi); *Tordo maggiore.*

N. v. s. — *Marvizzuni; Turdorici* (Cupani).

La draine est peu abondante en Sicile, et l'hiver, elle

se tient dans les plaines, dans les jardins et sur les petites collines. On la voit, au printemps, s'élever sur les montagnes boisées pour vaquer aux soins de la reproduction. Elle niche près de Messine notamment dans le bois de Fiumedinisi.

———

LITORNE (Cuv.); Litorne ou Tourdelle (Buff., pl. enl. 490); Merle Litorne (Temm.); Grive Litorne (Vieill., pl. 68, f. 1. Roux, pl. 164).

Turdus pilaris (Linn., Lath., Temm., Cuv., Vieill., Roux, Naum., pl. 67, f. 2); *Sylvia pilaris* (Savi).

Cesena (Savi); *Tordella gazzina.*

N. v. s. — *Ré di li Marvizzi* (Catane, Messine, Palerme, Syracuse); *Marvizza riali* (Castrogiovanni), *Turdoruni rex* ou *Turdulicus* (Cupani).

Cette grive, qui voyage en grandes bandes, est assez rare en Sicile et se tient de préférence dans les lieux alpestres. Ce n'est qu'au plus fort de l'hiver qu'elle descend en plaine.

———

GRIVE (Buff., pl. enl. 406); Grive de vignes (Vieill., pl. 67, f. 1. Roux, pl. 159 et pl 160); Merle - Grive (Temm.); Grive proprement dite (Cuv.).

Turdus musicus (Linn., Temm., Cuv., Vieill., Roux, Naum., pl. 66, f. 2. Encyclop., pl. 174, f. 1); *Sylvia musica* (Savi).

Tordo botaccio (Savi).

N. v. s. — *Marvizza.*

La grive est très-recherchée dans toutes les contrées, et si, à l'automne (époque à laquelle elle se nourrit de raisin dans les climats tempérés), sa chair acquiert une qualité estimée des français, le gourmet sicilien n'apprécie pas moins le goût exquis que donnent à la grive les olives dont elle fait sa nourriture, en Sicile, au mois d'octobre.

La grive est l'espèce la plus commune que l'on rencontre en Sicile, surtout pendant l'hiver. Au printemps elle émigre et un petit nombre seulement niche en Sicile.

Elle est très-commune en Algérie.

———

Mauvis (Buff., pl. enl. 51. Cuv., Lesson); Merle Mauvis (Temm.); Grive Mauvis (Vieill., pl. 68, f. 2. Roux, pl. 161. Encycl., pl. 174, f. 4).

Turdus iliacus (Linn., Lath., Temm., Cuv., Vieill., Roux, Briss., Naum., pl. 67, f. 1); *Sylvia iliaca* (Savi).

Tordo sassello (Savi).

N. v. s. — *Turdu russu.*

Le mauvis, très-répandu dans toute la France, est assez rare en Sicile, au moins du côté de Messine; il se pourrait néanmoins que dans d'autres parties de l'île on l'eût confondu avec le *turdus musicus.*

———

Merle a plastron (Temm., Vieill., pl. 70, f. 2); Merle à plastron blanc (Buff., pl. enl. 516, mâle. Cuv.).

Turdus torquatus (Linn., Temm., Naum., Vieill., Cuv., Roux, pl. 171, mâle; pl. 172, femelle).

Merlo col petto bianco (Savi). *Merla torquata.*

N. v. s. — *Merru à pettu jancu.*

Cette espèce, plus rare en général que le merle noir dans toutes les parties de l'Europe où se trouvent les deux espèces, est aussi peu commune en Sicile. Elle ne se montre qu'accidentellement aux environs de Messine et sur le littoral, mais elle est plus répandue dans l'intérieur de l'île. Le merle à plastron est très-commun dans les forêts des Pyrénées.

———

MERLE NOIR (Temm., Vieill., pl. 69, f. 2, mâle; f. 3, tête de la femelle; pl. 70, f. 1, tête du jeune); Merle commun (Cuv.); Merle (Buff., pl. enl. 2; mâle; pl. 555, femelle).

Turdus merula (Linn., Lath., Temm., Cuv., Vieill., Roux, pl. 166, mâle; pl. 167, femelle. Encycl., pl. 196, f. 1); *Sylvia merula* (Savi).

Merlo (Savi); *Merla commune.*

N. v. s. — *Merru; Merru Niuru; Merru di Sciara.*

Cet oiseau est répandu en Sicile où il vit sédentaire et solitaire comme dans presque toute l'Europe. Il se montre en grand nombre dans les plaines de Sicile, pendant l'automne et l'hiver, tandis qu'aux approches de la belle saison il se retire dans les localités boisées et arrosées d'eaux vives, où il niche au milieu des buissons. On recherche beaucoup les merles dont la voix, belle et sonore, module des sons si mélodieux, surtout pendant les belles journées d'été et avant le coucher du soleil.

J'en ai obtenu, en Italie, des variétés plus ou moins tapirées de blanc, et le plus souvent les taches blanches commencent à paraître sur la tête et sur le cou.

Le Musée de la ville de Metz possède une très-belle série de variétés entièrement albines ou blondes.

Ce merle est commun en Algérie et ne diffère pas du nôtre.

2° SAXICOLES.

MERLE DE ROCHE (Briss., Buff., pl. enl. 562, mâle.

Temm., Cuv., Vieill., pl. 71, f. 2, mâle; pl. 72, f. 1, jeune).

Turdus saxatilis (Linn., Lath., Temm., Cuv., Bechst., Vieill., Naum., Roux, pl. 175, mâle; pl. 176, femelle); *Sylvia saxatilis* (Savi); *petrocincla montana* (Sw., Vigors).

Codirossone (Savi); *Tordo sassatile.*

N. v. s. — *Merru di passa* (Messine); *Cudu russuni* (Palerme); *Sulitarriu di rocca* (Castrogiovanni).

Cette espèce se trouve en Sicile, notamment près de Palerme, lors du passage du printemps Elle est plus rare aux environs de Messine et de Catane. On en a tué plusieurs sujets près Syracuse, pendant le mois d'avril, mais elle est plus répandue dans le centre de l'île.

J'ai vu à Gênes un merle de roche mâle pris jeune aux filets et élevé depuis cinq ans en captivité, qui avait conservé, sur la poitrine et sur le ventre, beaucoup de taches blanchâtres sur un fond roux ardent.

Cette espèce, répandue dans le midi de la France et dans les Pyrénées, s'égare quelquefois dans le Nord de la France, ainsi que le prouvent les captures faites près de Metz et dans le département du Calvados.

Le merle de roche habite l'Algérie où il a été tué sur des montagnes à neuf cents mètres au-dessus du niveau de la mer.

MERLE BLEU (Buff., pl. enl. 250, vieux mâle. Temm., Cuv., Vieill., pl. 70, f. 3, mâle; pl. 71, f. 1, femelle. Roux, pl. 173, mâle; pl. 174, femelle adulte). Merle solitaire (Gérard).

. *Turdus cyaneus* (Temm., manuel, t. 3. Vieill.); *Turdus cyanus* (Linn., Naum.); *Turdus solitarius* (Linn.); *Sylvia solitaria* (Savi); *Petrocincla cyanea* (Gould).

8

‹ *Passera solitaria* (Savi).

N. v. s. — *Merru di rocca* (Messine); *Passaru solitariu* (Palerme, Catane).

Ce merle est commun en Sicile, dans les localités pierreuses et boisées; pendant l'automne, il descend en plaine et se répand l'hiver dans les jardins et les potagers. Son chant est doux et suave, ce qui rend cet oiseau d'un prix très-élevé. Il apprend aisément à siffler et à répéter plusieurs mots de suite : ainsi, la plupart des paysans siciliens parviennent à leur faire articuler notamment les mots *figghiu di Diu crucifissu*, etc. L'un de ces merles captifs appelait son maître chaque fois qu'une personne étrangère entrait dans la chambre où se trouvait sa cage.

Le *petrocossyphus Michahellis* de M. Brehm me paraît une variété locale. J'ai été à même de voir, en Dalmatie, des merles bleus, et tous m'ont paru, ainsi que les sujets envoyés à M. Temminck, de la même espèce que nos merles bleus de France et de Sicile.

J'ai reçu ce merle de l'Algérie où il habite les sommités les plus élevées.

Le merle bleu paraît fort rare dans les Pyrénées-Occidentales et centrales, tandis qu'on le rencontre fréquemment dans la chaîne orientale.

———

‚ Genre CINCLE (Cuv., Temm.); *CINCLUS* (Bechst.); Fam. des MERULIDÉES; s. f. des MYOTHÉRINÉES (Swains.).

CINCLE PLONGEUR (Temm.); Merle d'eau (Buff., pl. enl. 940); Aguassière à gorge blanche (Vieill., pl. 73, f. 1. Roux, pl. 178, adulte, et pl. 179, jeune avant la première mue).

Cinclus aquaticus (Temm., Bechst.); *Sturnus cinclus*

(Linn.); *Turdus cinclus* (Lath.); *Hydrobata albicollis* (Vieill.).

Merlo acquajuolo (Savi).

N. v. s. — *Merru d'acqua.*

Cet oiseau, assez répandu en Europe et si commun en Suisse où il habite près des cascades et des eaux vives, est rare en Sicile. On en a tué un sujet adulte dans un aqueduc, près de Messine, au mois de novembre.

———

Genre MARTIN (Cuv., Temm.); *Gracula* (Cuv.); *Pastor* (Temm.); fam. des STURNIDÉES; s. f. des STURNINÉES (Sw.).

MARTIN ROSELIN (Temm.); Merle couleur de rose (Buff., pl. enl. 251. Cuv.); Merle rose (Vieill., pl. 72, f. 2); Roselin (Levaill., ois. d'Afr.); Martin rose (Roux, pl. 177, vieux mâle; pl. 172, f. 1, jeune de l'année, et f. 2, jeune de la seconde année).

Pastor roseus (Temm., Meyer); *Turdus roseus* (Vieill., Linn., Lath.); *Acridotheres roseus* (Ranzani); *Merula rosea* (Naum., pl. 63, l'adulte et le jeune); *Sturnus roseus* (Cupani, Scopoli).

Storno marino (Aldrov., Savi); *Storno roseo.*

N. v. s. — *Sturnu russu.*

Ce superbe oiseau est très-rare en Sicile, et c'est à tort que quelques auteurs ont prétendu qu'il était de passage régulier dans les provinces méridionales de l'Italie. Un sujet de cette espèce a été tué, près Messine, au mois de mai 1834, et se trouve dans le cabinet du docteur Scuderi. En Calabre, on en a tué quelques-uns qui se trouvaient mélangés à des bandes d'étourneaux. Quelques paires y ont même niché en 1789, d'après M. Savi. En 1852, le martin roselin fut très-commun en Dalmatie, et en 1818 on en vit aussi beaucoup en Toscane. Il est certain, d'après Cupani, que cet oiseau était autrefois de passage plus fréquent en Sicile, et cet auteur donne la figure d'un vieux mâle et d'un jeune de deux ans qu'il indique par erreur comme une femelle adulte.

Dans le grand ouvrage du prince de Musignano (*Fauna italica*), des planches très-exactes et d'une belle exécution représentent un mâle adulte, un jeune de l'année et un jeune de deux ans. Les parties chaudes de l'Afrique et de l'Asie sont la véritable patrie du martin roselin, qui se nourrit de sauterelles, de sangsues et se place habituellement sur les bestiaux pour faire la chasse aux insectes qui s'y trouvent. Dans certaines années, où des nuées de sauterelles ont désolé la Suisse, le Piémont, la Lombardie et le midi de la France, les martins roselins ont été observés dans ces diverses localités. Tels sont quelques sujets adultes que j'ai obtenus, en 1839, en Dalmatie et dans le Piémont; les nombreux sujets que j'ai vu prendre au filet par M. Crespon, près la Tour-Magne, à Nismes, au mois de juillet 1838, et ceux qui ont été observés dans le département des Landes. Quelquefois même des martins roselins se sont égarés assez avant dans le nord en suivant des bandes d'étourneaux. C'est ainsi qu'un sujet a été tué en Angleterre, près Windsor; deux en Belgique; deux autres tués, l'un en 1834, dans le département du Calvados, et l'autre dans le département de la Charente-Inférieure. J'en possède enfin dans ma collection un sujet tué aux environs de Metz.

Cette espèce est assez répandue en Algérie sans y être très-commune.

Genre CHOCARD (Cuv.); *Pyrrhocorax* (Temm.);

Pyrrhocorax (Cuv., Temm.); Fam. des Corvidées; s.
f. des Frigilinées (Swains.).

Chocard des Alpes (Cuv., Vieill., pl. 57, f. 1); Cho-
quard ou Choucas des Alpes (Buff., pl. enl. 531); Pyrrhocorax Chocard (Temm., manuel, t. 3).

Pyrrhocorax Alpinus (Vieill., galerie des ois., pl. 104.
Roux, pl. 138); *Corvus pyrrhocorax* (Linn., Lath.);
Pyrrhocorax pyrrhocorax (Temm., Naum.).

Gracchio (Savi); *Corvo cokallino.*

N. v. s. — *Corvu a pedi russi.*

Les chocards habitent les parties les plus élevées des
montagnes et à la limite des neiges perpétuelles. On les
voit par grandes bandes en Sicile où ils nichent parmi
les rochers.

On n'a pas encore observé, en Sicile, le pyrrhocorax
coracias ou coracias à bec rouge, qui se trouve en Toscane
et même dans le royaume de Naples. Néanmoins, lorsque
toutes les parties de la Sicile seront mieux explorées au
profit des sciences naturelles, il est assez probable, selon
moi, qu'on y découvrira cette espèce plus rare que la
première et avec laquelle elle aura pu être confondue
par le vulgaire.

Le chocard est très-commun en France, dans les Pyrénées, les Alpes, et en Bretagne, notamment à Belle-Ile
où le coracias est fort rare.

———

Genre LORIOT (Cuv., Temm.); *Oriolus* (Linn.);
Fam. des Mérulidées; s. f. des Oriolinées (Swains.).

Loriot (Buff., pl. enl. 26, le mâle. Temm.); Loriot
d'Europe (Cuv., Vieill., pl. 51, f. 1, le mâle; f. 2, la
femelle).

Oriolus galbula (Linn., Temm., Cuv., Swains., Vieill., Roux, pl. 125, le mâle; pl. 126, la femelle; pl. 127, le mâle après la première mue); *Coracias galbula* (Nilss.).

Rigogolo (Savi); *Rigogolo commune.*

N. v. s. — *Crusuleu* (Messine); *Ajula* (Palerme, Catane et Syracuse); *Pintu miraula* (Castrogiovanni); *Naviola* (Avola); *Auriolu* (Palazzuolo).

Le loriot arrive en Sicile dans les derniers jours d'avril, par bandes de huit à dix, et se répand dans les plaines et dans toutes les campagnes où il séjourne jusqu'à la maturité des cerises, dont il fait alors sa principale nourriture. A la fin du mois de mai, le loriot se retire dans les bois pour y construire son nid et veiller aux soins de la reproduction. Ce n'est qu'à l'approche de l'hiver que le loriot émigre dans des contrées plus méridionales.

———

Genre TRAQUET (Cuv., Temm.); SAXICOLA (Becht.); Fam. des SYLVIADÉES; s. f. des SAXICOLINÉES (Swains.)

TRAQUET RIEUR (Temm.); Motteux noir (Vieill., pl. 84, f. 1. Roux, pl. 197, mâle); Merle à queue blanche (Cuv., règne an., p. 351, édit. de 1817.)

Saxicola cachinnans (Temm.); *Ænanthe leucura* (Vieill.); *Turdus leucurus* (Gmel., Lath.) *Sylvia leucura* (Savi); *Vitiflora leucura* (Bonap.).

Culbianco abbrunato (Savi, de la Marmora).

N. v. s. — *Mataccinu niuru.*

Cette espèce répandue, mais en petit nombre, dans le midi de la France, en Italie, en Corse, en Sardaigne, est commune en Espagne et en Sicile. Toutefois, on ne la trouve pas du côté de Messine, quoiqu'elle habite les environs de Palerme. Elle se tient ordinairement dans les lieux arides et pierreux et montre une grande défiance comme tous ses congénères.

——

Traquet motteux (Temm.); Motteux ou Vitrec (Buff., pl. enl. 554, f. 1 et 2); Motteux-Vitrec (Vieill., pl. 83, f. 1, mâle; f. 2, tête de la femelle; f. 3, jeune); Motteux ou Cul-Blanc (Cuv.); Motteux cendré.

Saxicola œnanthe (Bechst., Temm.); *Ænanthe cinereus* (Vieill., Roux, pl. 198); *Motacilla œnanthe* (Linn., Cuv.); *Sylvia œnanthe* (Lath.); *Vitiflora œnanthe* (Bonap.).

Culbianco (Savi).

N. v. s. — *Mataccinu; Culu-Jancu* (Messine); *Cura janca* (Palerme, Syracuse, Catane).

Cette espèce si répandue en Europe, arrive en Sicile au mois de mars et habite les plaines peu éloignées du littoral. Elle y est commune et les enfants lui font une chasse active à l'aide de pièges tendus sur les sentiers.

Le motteux se trouve aussi en Egypte, en Algérie et en Arabie.

——

Traquet stapazin (Temm.); Cul-Blanc roux (Buff.); Bec-Fin montagnard (Temm., Manuel, 1re édit.); Motteux stapazino (Vieill., pl. 84, f. 2, mâle; f. 3, tête de la femelle); Motteux à gorge noire ou Motteux roux (Cuv.).

Saxicola stapazina Temm., Cuv.); *Ænanthe stapazina* (Vieill., Roux, p. 199); *Motacilla stapazina* (Gmel.); *Sylvia stapazina* (Lath.); *Vitiflora rufa* (Briss.); *Vitiflora aurita* (Bonap.).

Monachella con la gola nera (Savi).

N. v. s. — *Mataccinu cu l'ali niuri.*

Cette espèce commune en Egypte, en Nubie, en Arabie,

en Dalmatie, en Italie, en Grèce et dans le midi de la France, arrive en Sicile en même temps que le traquet motteux, mais il est beaucoup plus rare et habite des localités plus éloignées du littoral.

———

TRAQUET OREILLARD (Temm., pl. col. 257, f. 1, le mâle, et Atlas du manuel); Cul-Blanc roussâtre (Buff.); Motteux Reynauby (Vieill., pl. 85, f. 1, mâle en été; f. 2, mâle en hiver; f. 3, tête de la femelle).

Saxicola aurita (Temm.); *OEnanthe albicollis* (Vieill., Roux, pl. 200, le vieux mâle).

Monachella (Savi).

Cette espèce a été confondue habituellement, en Sicile, avec le stapazin et le nom italien *monachella* cité par M. Luighi Benoit, d'après M. Savi, pour désigner le stapazin, a dû accroître cette erreur, puisque M. Savi n'a ainsi appelé que le traquet oreillard. Les deux espèces ont les mêmes habitudes, arrivent en Sicile et en repartent environ aux mêmes époques.

Ce traquet habite aussi l'Egypte et l'Arabie.

———

TRAQUET TARIER (Temm.); Grand Traquet ou Tarier (Buff., pl. enl. 678, f. 2, mâle); Tarier (Cuv.); Motteux Tarier (Vieill., pl. 88, f. 1, mâle en été; f. 2, femelle; f. 3, jeune. Roux, pl. 203.

Saxicola rubetra (Bechst., Temm., Meyer); *OEnanthe rubetra* (Vieill.); *Motacilla rubetra* (Linn., Cuv.); *Sylvia rubetra* (Lath.).

Stiaccino (Savi).

N. v. s. — *Caca-palu; Broscunculu.*

Ce traquet arrive en Sicile dans les premiers jours de mai, par bandes de huit à dix, et se réfugie d'abord dans

les vignes et les champs où il se perche sur les échalas
dès qu'il entend quelque bruit. Il ne séjourne que peu
de jours dans les localités qui avoisinent le littoral et se
retire dans le centre de l'île pour y passer toute la belle
saison.

Cette espèce, qui habite aussi l'Egypte, l'Arabie et
l'Algérie, a été confondue jusqu'ici, par les chasseurs
siciliens, avec le *saxicola rubicola* qui est également
commun dans l'île.

Les tariers que j'ai reçus de l'Algérie diffèrent un peu
des nôtres par une teinte rousse, plus vive et plus répandue généralement sur les parties inférieures.

TRAQUET RUBICOLE (Temm., manuel, t. 3; Atlas, pl.
lith., le mâle); Traquet pâtre (Manuel, t. 1); Traquet
(Buff., pl. enl. 678, f. 1. Cuv.); Motteux traquet (Vieill.,
pl. 86, f. 1, mâle en été; f. 2, femelle; f. 3, jeune. Roux,
pl. 201, vieux mâle).

Saxicola rubicola (Bechst, Temm., Meyer); *Motacilla
rubicola* (Gmel., Cuv.); *Sylvia rubicola* (Lath.).

Saltimpalo (Savi); *Saltinselce moro.*

N. v. s. — *Caca-marruggiu.*

Cette espèce, commune en Algérie, en Egypte et en
Arabie, se trouve en Sicile toute l'année et habite dans
des buissons épais, auprès des torrents. Elle niche à terre
au milieu des haies ou taillis ou sous les tas de pierres.

Genre BEC-FIN (Temm., Cuv.); SYLVIA (Wolf, Meyer,
Temm.); Fam. des SYLVIADÉES; s. f. des PHILOMELINÉES
et des SYLVIANÉES (Swains.).

La majeure partie des becs-fins arrive en Sicile à l'é-
poque où les chasseurs sont occupés à poursuivre les

cailles. Aussi dédaignent-ils ces petits oiseaux dont ils
confondent les nombreuses espèces entre elles. Néanmoins
ils les subdivisent en plusieurs familles, selon les habitudes qui leur sont propres. Ainsi, ils nomment :

1° *Aciduzzu di fava,* les becs-fins grisette, à lunettes, etc., parce qu'ils fréquentent ordinairement les
champs ensemencés de fèves ;

2° *Aciduzzu di caccia nova,* les becs-fins rousserolle,
des roseaux, phragmite, etc., parce qu'ils ne sont que
de passage en Sicile ;

3° *Caca-sipali,* les becs-fins mélanocéphales à moustaches noires, etc., parce qu'ils se tiennent toujours dans
les petits buissons ou dans les haies ;

4° *Cuda russa,* les becs-fins rouge-queue et des murailles ;

5° Enfin, *Virdeddu,* les becs-fins siffleur, à poitrine
jaune, pouillot, ictérine, etc., d'après la couleur de
leur plumage.

Ire *SECTION.* — RIVERAINS (Temm.).

ROUSSEROLLE (Buff., pl. enl. 513.); Bec-Fin rousserolle (Temm.) ; Grive rousserolle (Vieill., pl. 69, f. 1) ;
Merle rousserolle (Roux, pl. 165).

Sylvia turdoïdes (Meyer, Temm., Cuv.); *Turdus arundinaceus* (Vieill., Gmel., Lath., Temm., 1re édit. du
Manuel d'Ornith.); *Salicaria turdoïdes* (Swains.); *Calamoherpe turdoïdes* (Meyer).

Cannareccione (Savi).

N. v. s. — *Acidduzzu di caccia nova.*

Cette espèce arrive en Sicile dans les journées pluvieuses
d'Avril et habite le long des torrents, dans les localités
marécageuses et dans les potagers.

Les environs de Messine n'étant pas favorables aux ha-

bitudes de la Rousserolle, on n'en voit presque pas l'été, pendant le temps de la ponte; mais on la trouve très-répandue à cette époque aux environs de Catane et de Syracuse. La rousserolle émigre avant l'hiver.

———

BEC-FIN LOCUSTELLE (Temm.); Fauvette locustelle (Vieill., pl. 101, f. 3. Roux, pl. 229); Alouette locustelle (Buff., pl. enl. 581, f. 3); Fauvette tachetée (Cuv., règne an., édit. de 1817, p. 567); Fauvette grise tachetée (Briss.).

Sylvia locustella (Lath., Temm., Vieill., Savig., Meyer); *Calamoherpe tenuirostris* (Brehm); *Salicaria locustella* (Swains.).

Forapaglie macchiottato (Savi).

Le bec-fin locustelle, si commun en Allemagne et en Italie, paraît très-rare en Provence et en Sicile, quoique assez commun dans les Pyrénées et le département des Landes. On le trouve néanmoins de passage en Sicile, et il réside alors sur les bords du lac de Lentini et aux environs de Syracuse.

J'ai recueilli en Italie un sujet de cette espèce qui m'a paru offrir, pour la distribution des couleurs et des taches, quelque analogie avec la *sylvia lanceolata* dont M. Bruch m'a montré un exemplaire au musée de Mayence.

C'est le cas de faire observer qu'en reconnaissant, avec le savant directeur du muséum de Hollande, que la *sylvia lanceolata* est bien une espèce distincte, je crois que c'est prématurément au moins qu'elle figure dans la liste des oiseaux européens. En effet, c'est par erreur que M. Temminck a annoncé que cet oiseau avait été tué près de Mayence. Je tiens de M. Bruch que les deux exemplaires qu'il possédait, et dont l'un a été adressé à

M. Temminck, lui avaient été donnés par un professeur de l'université de Bonn qui lui-même les avait reçus de la Russie sans indication d'origine.

———

BEC-FIN AQUATIQUE (Temm.); Fauvette de marais (Vieill., pl. 101, f. 2); Fauvette aquatique (Sonnini, édit. de Buff.).

Sylvia aquatica (Lath., Temm.); *Motacilla aquatica* (Gmel.); *Sylvia paludicola* (Vieill., Roux, pl. 231); *Salicaria aquatica* (Swains.); *Calamodyta Schœnobœnus* (Bonap.).

Pagliarolo (Savi).

N. v. s. — *Beccu-ficu di margi* (Messine); *Vranculiddu* (Palerme).

Cette espèce, qui se trouve quelquefois en Lorraine et en Picardie et qui est beaucoup moins rare dans le midi de la France, est assez répandue en Suisse, en Italie, dans le Piémont notamment et les marais d'Ostia, ainsi qu'en Sicile dans les localités marécageuses ou au bord des lacs. Aussi, quoique commune aux environs de Syracuse et sur le lac de Lentini pendant l'été, est-elle très-rare du côté de Messine et dans le centre de la Sicile.

———

BEC-FIN PHRAGMITE (Temm.); Fauvette des joncs (Vieill., pl. 101, f. 1. Roux, pl. 250, le jeune. Savig., pl. 13, f. 4).

Sylvia phragmitis (Bechst, Temm., Meyer); *Sylvia schœnobœnus* (Vieill., Roux, Lath., Savig.); *Motacilla shœnobœnus* (Gmel.); *Calamodyta phragmitis* (Bonap.); *Salicaria phragmitis* (Swains.).

Forapaglie (Savi).

N. v. s. — *Beccu-ficu di siminatu.*

Le nom vulgaire donné en Sicile à cet oiseau provient de ce que, pendant le mois de mai notamment, on le trouve dans les champs ensemencés en grains ; néanmoins il y est rare et ce sont les plaines marécageuses et le bord des étangs qu'il habite de préférence.

Le bec-fin phragmite, si commun en France, en Hollande et en Allemagne, l'est également en Sicile, mais seulement aux environs de Syracuse, de Lentini et de Catane. Il habite aussi en Nubie et en Egypte.

———

BEC-FIN DES ROSEAUX OU EFARVATTE (Temm.) ; Fauvette de roseaux (Buff. mais point la pl. enl. 581 qui représente, par erreur sous ce nom, la *sylvia hippolaïs*) ; Fauvette effarvatte (Vieill., pl. 99, f. 1. Roux, pl. 227) ; petite Rousserolle ou Effarvatte (Cuv.).

Sylvia arundinacea (Lath., Temm.) ; *Sylvia strepera* (Vieill., Roux) ; *Motacilla arundinacea* (Briss.) ; *Calamoherpe alnorum* (Brehm.) ; *Salicaria arundinacea* (Swains.).

Becca figo di palude (Savi) *.

N. v. s. — *Beccu-Ficu di maju.*

Cette espèce, que l'on n'aperçoit dans le nord de la Sicile qu'au printemps, habite de préférence les localités marécageuses du sud-est de l'île. On la trouve sur les buissons, à proximité des eaux et sur les roseaux près de Lentini et de Catane. Je l'ai observée sur les *cyperus papyrus* de la rivière de Cyane, à deux lieues du grand port de Syracuse. Elle habite également l'Egypte.

———

* M. Savi confond cette espèce avec le bec-fin verderolle qui est une espèce distincte.

BEC-FIN VERDEROLLE (Temm.); Fauvette verderolle (Vieill., pl. 169, f. 1. Roux, pl. 217 bis.)

Sylvia palustris (Bechst., Vieill., Temm.); *Salicaria palustris* (Swains.).

M. Savi l'appelle également *becca-figo di palude*, n'admettant pas cet oiseau comme espèce distincte de *sylvia arundinacea*, mais tout au plus comme une race, ainsi que Vieillot l'avait d'abord fait dans sa Faune française.

En Sicile, comme en France et en Italie, on a toujours aussi confondu cette espèce avec l'éfarvatte qui lui ressemble beaucoup, il est vrai.

Toutes deux habitent les mêmes localités, ont les mêmes habitudes et un plumage assez semblable.

Dans l'est de la France, où l'éfarvatte est commune, la *sylvia palustris* n'a pas encore été observée à ma connaissance, quoiqu'elle se rencontre assez fréquemment en Hollande et quelquefois dans la Picardie, l'Anjou, le Languedoc et la Provence.

La verderolle habite aussi l'Egypte.

———

BEC-FIN BOUSCARLE ou CETTI (Temm.); Bouscarle de Provence (Buff., pl. enl. 655, f. 2); Fauvette bouscarle et la Fauvette cetti (Vieill., pl. 94, f. 3); Fauvette cetti (Roux, pl. 212).

Sylvia cetti (de la Marmora, Temm., Roux, Ménétriés); *Sylvia cetti* et *s. fulvescens* (Vieill.); *Curruca cetti* (Risso); *Salicaria cetti* (Swains.); *Cettia altisonans* (Bonap.).

Russignuolo di palude (Savi); *Usignuolo di Fiume* (Cetti); *Cannajole del cetti* (Bonap.).

N. v. s. — *Russignolu di lagu.*

Cette fauvette, quoique commune dans les environs de

Catane, de Syracuse et dans toutes les parties marécageuses de la Sicile, est rare dans le nord de cette île, notamment du côté de Messine et de Palerme. Elle vit dans le voisinage des eaux et se plaît au milieu des grands buissons, des arbustes touffus et des hautes plantes herbacées qui croissent sur le bord des rivières et des marais. M. Gerbe, qui a observé attentivement cette fauvette, annonce qu'elle demeure presque constamment cachée dans ces herbages qu'elle parcourt en divers sens, grimpant parfois le long des tiges et disparaissant bientôt pour chercher sa nourriture près du sol ou à la surface de l'eau.

« Trop défavorablement organisée pour le vol, dit
» M. Gerbe (Magasin de zoologie, 1840), la fauvette cetti
» se fatigue aisément lorsqu'on la met dans la nécessité
» d'employer un peu trop souvent et trop long-temps ce
» mode de locomotion. La poursuit-on, elle fait bientôt
» sa retraite dans une broussaille et y demeure cachée
» dans une immobilité complète, le corps fortement
» penché en avant. Alors il faut souvent plus d'un effort
» pour la déterminer à fuir de nouveau.

» Cette imperfection dans les organes du vol a fait
» penser à MM. de la Marmora, Savi et Bonaparte, que
» cet oiseau avait des habitudes sédentaires et n'aban-
» donnait en aucune saison les lieux dont il avait fait
» choix. Mais il est certain que la fauvette cetti émigre,
» ou mieux, qu'elle est erratique. Ses migrations n'ont
» peut-être pas lieu, comme celles des autres oiseaux,
» par un transport direct d'un point du globe sur un
» autre point éloigné ; toutefois, il est à peu près certain
» qu'elles s'effectuent par déplacement successif et en
» suivant le cours des fleuves. C'est ce qui expliquerait
» comment, avec une organisation aussi ingrate, cette
» fauvette peut, sans effort, aller exercer son industrie
» bien loin des lieux où elle est née. Ce qui donne la

» démonstration de ce fait, c'est qu'à certaines époques
» de l'année, et principalement en novembre et dé-
» cembre, elle se montre là où, soit avant, soit après
» cette époque, on eût fait des efforts inutiles pour cons-
» tater sa présence, et que alors aussi elle est plus
» commune dans les lieux dont elle fait son habitation
» ordinaire.

   » Le chant de la fauvette cetti n'est point tout-à-fait
» en harmonie avec les noms de rossignol de rivière et
» de marais (*usignuolo di fiume* et *di palude*) que Cetti
» et M. Savi lui ont donnés. A la vérité, il est doux,
» éclatant et sonore ; mais, d'un autre côté, il est saccadé,
» brisé, de peu d'étendue et fort peu varié. Elle le fait
» entendre durant toute l'année. Sa nourriture consiste
» en divers petits insectes ailés, en vers et en larves qu'elle
» rencontre dans le voisinage des eaux. »

Elle est répandue dans toute l'Italie, en Corse, en Sardaigne, au Caucase, en Dalmatie et en Angleterre. Une
circonstance peu en harmonie avec l'habitude qu'a cette
espèce, d'habiter au bord des eaux, a été révélée par
M. Ménétriés ; c'est que, au Caucase, elle est aussi très-
commune sur les haies, dans les jardins, à *Zouvant*, et
sur les montagnes de Talyche. Au lieu d'être rare dans
nos provinces méridionales et surtout en Provence, ainsi
qu'il est dit dans l'Ornithologie provençale de Roux, cette
fauvette y est au contraire excessivement commune, en
hiver surtout. M. Gerbe l'a très-fréquemment rencontrée
sur plusieurs rivières du département du Var, et notamment à Argens et à Gapeau. M. Crespon (Ornithologie
du Gard) l'a également observée abondamment en Provence, dans plusieurs localités ; enfin, M. Mauduyt et
M. Darracq l'ont récemment signalée dans leurs catalogues
des oiseaux du département de la Vienne et du département des Landes.

Bec-Fin des saules (Temm.); Fauvette des saules (Roux, pl. 211, *bis*); Fauvette luscinioïde (Vieill., pl. 169, f. 3).

Sylvia lucinoïdes (Savi, Temm., Savig., Atlas d'Egypte, pl. 13, f. 3); *Salicaria luscinoïdes* (Swains.); *Sylvia luscinioïdes* (Vieill.).

Cette espèce, qui a été observée par M. Savi, en Toscane, a été tuée l'été dans le royaume de Naples, aux environs de Salerne, et l'on m'a assuré que ce bec-fin, avec plusieurs de ses congénères, venait du midi de l'Italie au printemps. J'ai lieu de croire qu'à cette époque elle émigre d'Egypte et des côtes de Barbarie, passe en Sicile, du côté de Catane et de Syracuse, pour remonter ensuite l'Italie et y séjourner jusqu'à la fin de l'été dans les localités marécageuses.

Je la signale aux recherches des naturalistes siciliens.

Bec-Fin a moustaches noires (Temm.); Fauvette à moustaches noires (Roux, pl. 253); Fauvette Savi (Vieill., pl. 169, f. 2).

Sylvia menolapogon (Temm., Roux, Vieill.); *Calamodyta menolapogon* (Bonap.); *Salicaria melanopogon* (Swains.).

Forapaglie castagnolo (Savi).

N. v. s. — *Beccu-ficu russu.*

Cette espèce, que l'on trouve communément dans les lieux marécageux des diverses parties de l'Italie et dans le midi de la France, habite, en Sicile, les marais de Lentini et les environs de Syracuse, où elle niche. On ne l'a pas encore observée dans le nord de l'île.

Bec-Fin cisticole (Temm., pl. col. 6, f. 3); Fauvette cisticole (Vieill., pl. 102, f. 1. Roux, pl. 252).

Sylvia cisticola (Temm. , Vieill.) ; *Drymoica cisticola* (Swains.) ; *Cysticola schœnicola* (Bonap.).

Becca moschino (Savi).

N. v. s. — *Rüddu di pantanu.*

Cet oiseau, qui est très-répandu dans les contrées méridionales de l'Europe, notamment dans les localités marécageuses, est très-abondant en Sicile. L'hiver il se répand dans tous les jardins des environs de Palerme et de Messine. Je l'ai trouvé près de Syracuse et aux environs de Catane où il niche. On voit ce gracieux bec-fin se balancer légèrement sur les tiges des joncs du lac de Lentini et des cyperus papyrus de la rivière de Cyane. Lorsqu'il vole, il s'élève à une hauteur considérable en décrivant des courbes et en répétant le cri *zi, zi, zi,* d'une voix forte et sonore.

Ce bec-fin construit son nid au milieu des buissons, en réunissant des feuilles et en les entrelaçant de manière à en former une sorte de bourse qu'il garnit de matières végétales soyeuses.

Ce bec-fin habite aussi en Egypte, en Nubie et en Algérie où il est très-commun sur les bords de la Seybouse et près Bône.

IIᵉ *SECTION.* — SYLVAINS (Temm.).

Rossignol (Buff. , pl. enl. 615. Cuv.) ; Fauvette rossignol (Vieill. , pl. 92, f. 2, l'adulte ; f. 3, tête du jeune) ; Bec-Fin rossignol (Temm.).

Sylvia luscinia (Lath., Temm., Vieill., Roux, pl. 211) ; *Motacilla luscinia* (Linn. , Cuv.) ; *Luscinia philomela* (Bonap.) ; *Curruca luscinia* (Swains.) ; *Lusciniarum rex* (Cupani).

Russignolo (Savi).

N. v. s. — *Russignuolu.*

Le rossignol, si répandu en Europe, en Egypte, en Algérie et en Arabie, arrive en Sicile au mois d'avril et choisit ordinairement pour sa demeure les bois et les jardins à proximité des eaux. Il ne quitte l'île qu'aux approches de l'hiver.

BEC-FIN SOYEUX (Temm.).

Sylvia sericea (Natter, Temm.); *Curruca sericea* (Swains.).

Cette espèce rare, originaire d'Egypte, et qui émigre en Italie où elle a été tuée par M. Natterer, ne figure ici que pour appeler l'attention des naturalistes siciliens. Il est possible, et même probable, en effet, que lorsqu'elle effectue ses migrations elle s'arrête plus ou moins du côté de Syracuse ou de Catane.

BEC-FIN ORPHÉE (Temm.); Fauvette et Colombaude

(Buff., pl. enl. 579, f. 1, femelle sous le nom erroné de la Fauvette); Fauvette grise (Vieill., pl. 95, f. 1, mâle adulte; f. 1, tête de la femelle).

Sylvia orphea (Temm.); *Motacilla orphea* (Cuv.); *Sylvia grisea* (Vieill., Roux, pl. 218, f. 1, mâle; f. 2, femelle); *Motacilla hortensis* (Linn.); *Sylvia hortensis* (Lath.); *Curruca orphea* (Swains.).

Bigia grossa (Savi).

N. v. s. — *Beccu-ficu grossu.*

Ce bec-fin, qui niche en France, en Suisse, en Dalmatie et en Italie, habite aussi la Sicile. Néanmoins, il ne paraît pas répandu dans toutes les parties de l'île, car il est fort rare aux environs de Messine, quoique commun auprès de Palerme.

Il se trouve aussi en Algérie, en Egypte et en Arabie.

Bec-Fin rayé (Temm.) ; Fauvette épervière (Vieill.,
pl. 100, f. 2. Roux, pl. 222, jeune mâle).

Sylvia nisoria (Bechst, Temm., Vieill., Roux); *Curruca nisoria* (Swains.).

Calega padovana (Savi).

Ce bec-fin, qui habite le Levant, les côtes de Barbarie,
l'Autriche, et qui est de passage en Piémont, en Toscane
et dans la Provence, se trouve de passage très-accidentel
en Sicile, un individu ayant été tué dans cette île.

Il est rare en Suède et en Norwège, ainsi que me l'annonce M. le professeur Sundevall, contrairement à ce
que nous lisons dans le t. 1, p. 201, du manuel d'ornithologie de M. Temminck.

———

Bec-Fin a tête noire (Temm.) ; Fauvette à tête noire
(Buff., pl. enl. 580, f. 1, mâle ; f. 2, femelle. Vieill.,
pl. 94, f. 1, mâle ; f. 2, femelle. Roux, pl. 215. Cuv.).

Sylvia atricapilla (Briss., Lath., Temm., Vieill.,
Roux); *Motacilla atricapilla* (mâle) ; *Motacilla mos-
quita*, femelle (Gmel.) ; *Curruca atricapilla* (Swains.).

Capinero (Savi); *Capinera commune.*

N. v. s. — *Testa niura.*

Cette espèce, si commune en France, et que l'on trouve
depuis la Laponie jusqu'au Japon, arrive en Sicile au
mois d'avril et se répand en grand nombre dans les jardins
et dans les petits bois au milieu des plaines.

Elle émigre chaque année, mais beaucoup de couples
néanmoins passent l'hiver dans l'île. Elle paraît peu commune en Algérie, au moins dans la province de Bône,
et les individus mâles que j'ai reçus de cette localité
avaient les côtés du cou et toutes les parties inférieures,
excepté le bas de l'abdomen, d'un cendré bleuâtre assez
foncé.

Bec-Fin mélanocéphale (Temm.); Fauvette des frago ns (Vieill., pl. 86, f. 1, mâle; f. 2, tête de la femelle); Fauvette à tête noire de Sardaigne (Sonnini).

Sylvia melanocephala (Lath., Temm.); *Sylvia ruscicola* (Vieill., Roux, pl. 210, f. 1, mâle; f. 2, tête de la femelle).

Occhio-Cotto (Savi).

N. v. s. — *Caca sipali* (Messine); *Occhi russi; Cicchitedda* (Catane, Syracuse).

Cette fauvette est sédentaire en Sicile et niche dans les buissons ou sur les arbres fruitiers. Elle ne craint pas le voisinage de l'homme, car on a remarqué que chaque année des couples venaient nicher dans les mêmes buissons d'un jardin, sans paraître effrayés de la présence continuelle des jardiniers qui le cultivaient et qui n'avaient pas toujours respecté le nid de ces jolis oiseaux.

Ce bec-fin fait ordinairement, par année, trois couvées, chacune de quatre ou cinq œufs brunâtres, avec des taches olivâtres, selon M. Luighi Benoit, tandis que M. Temminck signale ces œufs comme étant blancs avec des points striés au gros bout.

Le bec-fin melanocéphale niche de préférence sur les montagnes, d'où il descend, à l'approche de l'hiver, mêlé aux rouges-gorges. C'est un oiseau très-vif, voltigeant sans cesse d'une branche à une autre et d'un arbre au bas d'un buisson, à la recherche des petits insectes ou de semences de fleurs. En hiver, le mâle répète sans cesse le cri de *cià, cià, cera-cià;* mais en été son chant devient assez mélodieux, et la femelle fait alors entendre un cri de rappel qui ressemble au chant de la cigale.

M. Luighi Benoit a indiqué une seconde race constante, d'un huitième plus grande que la première, et qui réside également en Sicile.

J'ai obtenu cette variété, purement accidentelle, de l'Algérie, où elle est commune, et elle a été tuée aussi aux environs de Metz, au mois de septembre 1839.

BEC-FIN SARDE (Temm., pl. col. 24, f. 2, mâle adulte); Fauvette sarde (Vieill., p. 86, f. 3).

Sylvia sarda (de la Marmora, Temm.); *Sylvia sardonia* (Vieill.); *Curruca sarda* (Swains.).

Occhiocotto sardo (Savi).

N. v. s. — *Caca-sipali niuru* (Messine).

Ce bec-fin, qui habite la Sardaigne, la Corse, et qu'on rencontre aussi dans le midi de la France, a été confondu le plus souvent, en Sicile, avec le bec-fin mélanocéphale; il a été tué, au moment du passage de mai, dans des buissons aux environs de Messine, et il niche dans diverses parties de l'intérieur de l'île, ainsi qu'aux environs de Palerme.

BEC-FIN FAUVETTE (Temm.); Petite Fauvette (Buff., pl. enl. 579, f. 2); Fauvette œdonie ou bretonne (Vieill., pl. 99, f. 5); Petite Fauvette, passerinette ou bretonne (Cuv.).

Sylvia hortensis (Bechst, Temm.); *Sylvia œdonia* (Vieill., Roux, pl. 221); *Curruca hortensis* (Swains.).

Bigione (Savi).

N. v. s. — *Beccu-ficu.*

Lors du passage qui s'effectue au mois d'avril, cette fauvette est rare, dans le nord de la Sicile surtout, tandis qu'elle devient ensuite commune jusque dans le courant d'octobre, époque à laquelle elle émigre vers des contrées plus méridionales. Elle abonde dans les jardins où elle peut se nourrir de figues dont elle est très-friande.

———

BEC-FIN GRISETTE (Temm.) ; Fauvette grisette (Savig., pl. 5, f. 2. Vieill., pl. 99, f. 2, mâle); Fauvette roussâtre (Cuv.) ; Fauvette grise ou grisette (Buff., pl. enl. 579, f. 3, et pl. 581, f. 1, jeune de l'année sous le faux nom de fauvette rousse).

Sylvia cinerea (Briss., Lath., Temm., Vieill., Roux, pl. 220. Naum., Savig., pl. 78, f. 1 et 2); *Motacilla sylvia* (Gmel.); *Curruca cinerea* (Swains.).

Sterpazzola (Savi).

N. v. s. — *Acciduzzu di fava; Oculiminti* (Cupani).

Cette fauvette, si répandue en Europe et en Egypte, est très-commune en Sicile, notamment dans les champs de fèves et c'est ce qui lui a valu son nom vulgaire.

Au printemps, elle se retire dans les bois et les montagnes pour vaquer aux soins de la reproduction, et l'on n'en voit que quelques couples nicher en plaine sur de petits arbustes ou dans des graminées.

———

BEC-FIN BABILLARD (Temm.); Fauvette babillarde (Cuv., Savig., pl. 5, f. 3. Buff., Vieill., pl. 93, f. 1, mâle; f. 2, tête de la femelle. Roux, pl. 216); Babillarde (Briss.).

Sylvia curruca (Lath., Temm., Savig., Vieill.); *Curruca garrula* (Briss., Swains.); *Motacilla dumetorum* (Gmel.); *Motacilla garrula* (Linn.).

Bigiarella (Savi).

N. v. s. — *Vranculiddu.*

Cette fauvette, qui habite l'Egypte et les parties tempérées de l'Europe, est commune en Sicile, et je l'ai observée sur des citronniers au jardin des plantes de

Palerme. Néanmoins, elle paraît très-rare du côté de Messine et un grand nombre émigre de la Sicile avant l'hiver.

———

BEC-FIN A LUNETTES (Temm., pl. col. 6, f. 1, vieux mâle au printemps).

Sylvia conspicillata (de la Marmora, Temm., Roux); *Curruca conspicillata* (Swains.).

Sterpazzola di Sardegna (Savi).

N. v. s. — *Acidduzzu di Favari* ou *l'Occhi janchi* (Messine); *Cirinciò* (Palerme).

Cette jolie espèce, confondue par plusieurs naturalistes avec le bec-fin passerinette, et qui est comme celui-ci répandu dans le midi de la France, en Italie et en Sardaigne, arrive en Sicile avec la babillarde; et y reste jusqu'à l'approche de l'hiver. Elle n'est pas aussi commune que la babillarde dont elle a les habitudes. M. Luighi Benoit a tué, près de Messine, lors du passage de printemps, un bec-fin à lunettes, adulte, mais d'un quart plus petit que les sujets ordinaires. Est-ce une race, ou, plutôt comme je le pense, une simple variété produite par l'âge ou quelque maladie? Je soupçonne que c'est la *sylvia leucopogon* de M. Meyer, qui ne serait pas alors un mâle de la *sylvia passerina*, comme le pense M. Temminck contrairement à M. Savi.

———

BEC-FIN PITCHOU (Temm.); Fauvette pitchou (Vieill., pl. 98, f. 2, le mâle; f. 3, tête de la femelle. Roux, pl. 219, le mâle en été); Pitte-Chou de Provence (Buff., pl. enl. 655, f. 1, mâle un peu trop gros).

Sylvia provincialis (Temm.); *Sylvia ferruginea* (Vieill.); *Motacilla provincialis* (Gmel.); *Sylvia dartfordiensis* (Lath.); *Melizophilus provincialis* (Swains.).

Magnanina (Savi).

N. v. s. — *Caca-sipali russu.*

Cette espèce, qui est abondante dans le midi de la France, en Italie, en Algérie et en Espagne, est moins commune en Sicile où elle niche notamment aux environs de Catane et de Palerme.

Ce bec-fin a été observé, en Picardie, par M. Baillon; près de Montreuil-sur-Mer, par M. Degland; à plusieurs reprises, dans le département du Calvados et de la Manche, et même dans le midi de l'Angleterre; il y a peu d'années, j'ai appris de M. Sganzin qu'il était assez commun en Bretagne.

———

BEC-FIN PASSERINETTE (Temm., Manuel, t. 3, p. 138); Bec-Fin cisalpin (Temm., pl. col. 251, f. 2 et 3, mâle et femelle); Bec-Fin subalpin (Temm., Manuel, v. 1, p. 214. Atlas du manuel, vieux mâle, et pl. col. 6, f. 2, mâle); Passerinette (Buff., pl. enl. 579, f. 2, jeune mâle, figure très-défectueuse sous le nom de Petite Fauvette); Fauvette passerinette (Vieill., pl. 93, f. 3, jeune mâle); Fauvette subalpine (Roux, pl. 218, f. 1 et 2, vieux).

Sylvia passerina (Temm., Manuel, v. 3. Roux, Gmel., Lath.); *Sylvia subalpina* (Bonelli, Temm., Manuel, v. 1); *Curruca minor,* jeune (Briss.); *Curruca passerina* (Swains.); *Sylvia leucopogon* (Meyer).

Strapezzolina (Savi).

N. v. s. — *Caca-sipali; Buarottu* (Messine).

Cette fauvette est presque aussi commune en Egypte qu'en Sicile, surtout au mois d'avril. Elle habite, dans cette dernière contrée, les bois et les buissons des plaines et ne se retire sur les hauteurs que pour y nicher. On voit beaucoup de nids de la passerinette aux environs de Palerme et dans le bois de *Fiumedinisi,* près Messine. La ponte est de quatre ou cinq œufs verdâtres avec des taches noirâtres. Cette espèce varie beaucoup dans son plumage, selon l'âge et le sexe ; on voit des individus ayant toutes les parties inférieures d'un blanc pur.

———

ROUGE-GORGE (Buff., pl. enl. 361, f. 1. Cuv.); Bec-Fin rouge-gorge (Temm.); Fauvette rouge-gorge (Vieill., pl. 90, f. 1, l'adulte ; f. 2, tête du jeune. Roux, pl. 206).

Sylvia rubecula (Lath., Temm., Vieill., Naum., pl. 57, f. 1 et 2); *Motacilla rubecula* (Linn., Cuv.).

Pettirosso (Savi).

N. v. s. — *Pettu russu.*

Le rouge-gorge, qui fait à l'automne, en France, les délices de nos tendeurs et de nos gourmets, habite toute l'année en Sicile ; l'été, il affectionne la solitude et se tient dans les buissons épais ou les montagnes boisées à proximité des eaux, l'hiver dans les plaines, les jardins potagers et dans tous les lieux habités. A cette dernière époque, à laquelle les oiseaux sont ordinairement silencieux et tristes, le rouge-gorge forme un contraste frappant par son chant animé et assez agréable. On le voit pénétrer dans les granges et jusque dans les demeures de l'homme pour y chercher sa nourriture, lorsque le froid de l'hiver se fait sentir et rend presque infructueuse la chasse qu'il donne aux insectes dans les champs et dans les jardins. Le rouge-gorge habite aussi la Nubie et l'Egypte.

———

GORGE-BLEUE (Buff., pl. enl. 361, f. 2, mâle avec la tache blanche ; pl. 610, f. 1, très-vieux mâle sans tache blanche ; f. 2, femelle ; f. 3, jeune. Cuv.); Fauvette gorge-bleue (Vieill., pl. 90, f. 3, mâle. Roux, pl. 207).

Sylvia cyanecula (Meyer); *Sylvia suecica* (Lath.,

Temm., Vieill.); *Ruticilla Wolfii* et *suecica* (Brehm); *Phœnicura suecica* (Swains.).

Petto azzurro (Savi).

N. v. s. — *Pettu brù.*

La gorge-bleue, qui effectue son passage dans quelques parties de la France, simultanément avec la *sylvia tithys*, et que j'ai souvent observée en Lorraine à la fin de mars ou dans les premiers jours d'avril, est beaucoup moins répandue en Europe que le tithys. Néanmoins elle est commune en Sicile, aux environs de Palerme, lors du passage, quoique fort rare du côté de Messine. Elle se trouve également en Egypte, en Nubie, en Arabie et en Algérie.

Cette gorge-bleue a été long-temps confondue avec la race constante qui habite la Laponie, la Finlande et la Norwège, et à laquelle je conserverai le nom de *sylvia suecica*. Il faut toutefois reconnaître que les femelles et les jeunes des deux espèces ont beaucoup de ressemblance entre eux, ainsi que j'ai pu m'en assurer par les sujets que je dois à l'obligeance de M. le professeur Sundevall, directeur du muséum royal de Stockholm.

Quelques sujets de la race à miroir roux ont été tués en Allemagne et en France, notamment en Bourgogne, en Picardie, et j'en possède deux sujets que j'ai tués aux environs de Metz.

La gorge-bleue est assez commune dans les Pyrénées, au printemps et à l'automne.

————

ROUGE-QUEUE (Buff., Cuv.); Bec-Fin rouge-queue (Temm.); Fauvette tithys (Vieill., pl. 91, f. 1, mâle en été; f. 2, tête de la femelle. Roux, pl. 208, f. 1, le mâle; f. 2, la femelle.); Rouge-Queue à collier (Buff., la femelle).

Sylvia tithys (Scopoli, Temm., Vieill., Roux, Lath., Meyer, Bechst.); *Motacilla atrata, Phœnicurus gibral-*

tariensis (Gmel.) ; *Motacilla tithys* (Linn.); *Phœnicura tithys* (Swains.).

Codirosso spazzacammino (Savi).

N. v. s. — *Cudarussa a pettu niuru.*

Cette espèce, très-commune en Suisse, en Allemagne et en Egypte, habite toute l'année en Sicile, où elle est assez répandue, sans se montrer en grand nombre dans chaque localité. On la trouve, notamment à Catane et aux environs, sur les blocs de lave, produits des éruptions de l'Etna, ainsi que sur les remparts de Syracuse.

Quoique ce bec-fin émigre dans presque toute l'Europe, M. Degland, de Lille, annonce que plusieurs sujets, provenant de la Norwège, lui ont semblé différer beaucoup de la *sylvia tithys* de France, et il pense que si ce n'est pas une nouvelle espèce, c'est au moins une race constante et locale, puisque, dit-il, elle ne quitte pas plus le nord que la *sylvia suecica*.

———

BEC-FIN DE MURAILLES (Temm.); Rossignol de murailles (Buff., pl. enl. 351, f. 1, le mâle; f. 2, la femelle); Fauvette dite Rossignol de muraille (Vieill., pl. 91, f. 3, mâle en été; pl. 92, f. 1, la femelle); Gorge-Noire ou Rossignol de muraille (Cuv.), vulgairement rouge-queue.

Sylvia phœnicurus (Lath., Temm., Vieill., Roux, pl. 214, le mâle; pl. 215, la femelle); *Motacilla phœnicurus* (Linn.); *Ruticula phœnicura* (Bonap.); *Curruca phœnicurus* (Swains.).

Codirosso (Savi); *Beccafico volgaram.*

N. v. s. — *Cuda russa; Cuda di focu* (Messine).

Ce bec-fin, beaucoup plus répandu en Europe que le rouge-queue, arrive en Sicile au mois d'avril et habite les haies et les buissons le long des champs et des jar-

dins, ne se perchant sur les arbres que lorsqu'il est
inquiété dans sa retraite. Son cri est triste et monotone.
Lors de l'incubation, il va habiter les montagnes, et dans
le courant d'octobre il disparaît de l'île. Ce bec-fin se
trouve aussi en Egypte.

IIIᵉ *SECTION.* — MUSCIVORES (Temm.); Fam. des SYLVIADÉES;
s. f. des Sylvianées (Swains.).

BEC-FIN A POITRINE JAUNE (Temm., Buff., pl. enl.
581, f. 2, sous le nom de Fauvette des roseaux), Fauvette lusciniole (Vieill.), pl. 96, f. 1. Roux, pl. 225);
Grand Pouillot (Cuv.).

Sylvia hippolaïs (Lath., Swains., Temm., *Sylvia po-
lyglotta* (Vieill., Roux); *Motacilla hippolaïs* (Gmel.);
Hippolaïs salicaria (Bonap.)

Becca-fico (Savi).

N. v. s. — *Virdidduni.*

Ce bec-fin, assez répandu en Europe, est très-commun
en Sicile, depuis le mois de mai, époque de son arrivée,
jusqu'au mois d'octobre. C'est alors qu'il quitte l'île après
y avoir fait plusieurs pontes, soit dans les jardins, soit
dans les montagnes ou les buissons des plaines.

———

BEC-FIN SIFFLEUR (Temm., pl. col. 245, f. 3); Fauvette sylvicole (Vieill., pl. 95, f. 3. Roux, pl. 225).

Sylvia sibilatrix (Bechst., Temm., Swains., Naum.,
pl. 80, f. 2); *Sylvia sylvicola* (Lath., Vieill., Roux);
Phyllopneuste sibilatrix (Bonap.).

Lui verde (Savi).

N. v. s. — *Virdeddu* (Messine); *Virduliddu* (Palerme).

Cet oiseau, assez répandu en Egypte et en Arabie, ainsi
que dans quelques provinces de France, en Allemagne et
en Italie, arrive en Sicile au mois d'avril et y passe toute

la belle saison jusqu'au mois d'octobre. Il habite, de préférence, l'été sur les montagnes et les collines boisées où il niche.

———

Bec-Fin ictérine (Temm.); Fauvette ictérine? (Vieill., pl. 96, f. 5) ou plutôt Fauvette fitis (Vieill., pl. 98, f. 1) et Pouillot fitis (Vieill., 2ᵉ éd. du nouv. dict. d'hist. nat.).

Sylvia icterina (Temm., Sw., Vieill?). *Sylvia fitis* (Vieill.).

Becca-fico itterino (Bonap.).

Si l'ictérine est une espèce franche, il faut convenir qu'elle a toujours été confondue avec le pouillot, auquel elle ressemble beaucoup. Selon M. Temminck, elle serait plus rare que le pouillot et habiterait les mêmes localités. Parmi un grand nombre de becs-fins qu'on m'a donnés, soit en Sicile, soit en Italie, sous le nom d'ictérines, je n'ai pu trouver que des pouillots variant légèrement entre eux, suivant l'âge et les circonstances locales.

M. de Selys-Longchamp, dans sa Faune Belge (1842), pense que la *sylvia icterina* n'est pas une espèce différente du pouillot, et il dit que M. Temminck lui ayant montré la *sylvia icterina*, cet oiseau ne lui a pas paru différer sensiblement des *trochilus* tels qu'on les voit en avril avec le jaune par mèches en dessous du corps.

Le même naturaliste ajoute qu'il a vu dans le cabinet de M. Degland, à Lille, une *sylvia icterina* (Vieill.) qu'il croit n'être qu'un jeune *hippolaïs* à bec plus court et un peu plus élargi que chez les vieux.

M. Gerbe, qui s'est occupé spécialement de ces becs-fins, et M. Ray, dans la Faune de l'Aube (1843), pensent :

1° Que le bec-fin ictérine de M. Temminck se rapporte au pouillot ou fauvette fitis de Vieillot;

2° Que le bec-fin pouillot (Temm.), est synonyme de la fauvette pouillot à ventre jaune de Vieillot;

5° Que le bec-fin siffleur (Temm.) est la fauvette ou pouillot sylvicole de Vieillot.

———

POUILLOT (Cuv.); Pouillot ou chantre (Buff., pl. enl. 651, f. 1); Bec-Fin pouillot (Temm.); Fauvette fitis (Vieill., pl. 98, f. 1, ou plutôt Fauvette pouillot à ventre jaune, pl. 97, f. 2, sujet en robe d'automne. Roux, pl. 288); Pouillot à ventre jaune (Savig., pl. 13, f. 2).

Sylvia trochilus (Lath., Temm.); *Motacilla trochilus* (Linn., Cuv.); *Sylvia fitis* et *Sylvia flaviventris* (Vieill., Roux, Bechst., Meyer); *Phyllopneuste trochilus* (Bon.).

Lui grosso (Savi).

N. v. s. — *Percia rivetti*.

Ce bec-fin, qui est commun dans toute l'Europe, ainsi qu'en Egypte, en Nubie et en Algérie, habite la Sicile toute l'année, l'été principalement sur les montagnes boisées où il niche, l'automne et l'hiver dans les jardins potagers et fruitiers.

Je crois qu'il est maintenant certain que la fauvette pouillot à ventre jaune, de Vieillot (Faune fr., p. 215), est notre pouillot en robe d'automne. J'ai eu fréquemment occasion d'observer ces deux plumages qu'on ne trouve jamais à la même époque dans aucune localité.

———

POUILLOT A QUEUE ÉTROITE (Gerbe).

Sylvia angusticauda (Gerbe).

Lors de mon voyage en Sicile, je ne connaissais pas cette espèce qui n'a été signalée que très-récemment et trouvée aux environs de Paris, ainsi que dans diverses parties de la France. Je n'ai donc pu vérifier si, parmi les pouillots de cette île, il s'en trouvait à queue étroite; mais je crois toutefois devoir signaler cet oiseau aux naturalistes siciliens, parce qu'il habite probablement dans les mêmes localités que la *sylvia trochilus* à laquelle il ressemble beaucoup.

Le pouillot à queue étroite est-il bien une espèce franche? C'est ce que je ne saurais actuellement décider; mais voici, en attendant, les caractères et les dimensions indiqués par M. Gerbe et qui sont, selon lui, de nature à faire distinguer cette espèce :

Bec sensiblement plus déprimé et plus effilé que dans les espèces voisines; pennes de la queue très-étroites.

Longueur des pennes de la queue. .	45	millimètres.
Largeur des pennes de la queue. . .	6	—
Longueur du tarse..	19	—
Longueur de la rame (aile pliée). . .	62	—
Longueur totale.	116	—

Nota. Je viens de recevoir de l'Algérie une *sylvia rufa* qui semble être l'*Angusticauda ;* je soupçonne donc que cette dernière espèce pourrait être une variété de *sylvia rufa*, et le fitis que M. Brehm a envoyé à M. Temminck.

———

Bec-Fin véloce (Temm.); Fauvette collybite (Vieill., pl. 97, f. 1. Roux, pl. 223); Petite Fauvette rousse (Buff.); Pouillot collybite (Vieill., 2e édit. du nouv. dict. d'hist. nat.).

Sylvia rufa (Lath., Temm.); *Sylvia collybita* (Vieill.); *Curruca rufa* (Briss.); *Motacilla rufa* (Gmel.); *Phyllopneuste rufa* (Bonap.).

Lui piccolo (Savi).

N. v. s. — *Inbucca muschi.*

Le bec-fin véloce, répandu en France, en Egypte, en Suisse, en Allemagne et en Italie, est assez commun en Sicile où il est sédentaire. L'été, ce bec-fin habite sur les montagnes ; l'hiver, il descend en plaine avec plusieurs autres espèces ; les véloces viennent alors se réfugier dans les villages et jusque dans les maisons où ils se réunissent au nombre de sept ou huit pour passer la nuit dans un même trou.

Le plumage du véloce varie beaucoup, quant à la couleur des parties inférieures. M. de Selys-Lonchamps dit que le *trochilus* a les pieds jaunâtres tandis que le *rufa* les a noirâtres, et que ce caractère est distinctif des deux espèces ; généralement cela est exact. Toutefois, M. Holandre a reconnu avec moi, dans ma collection, des *sylvia rufa* non douteux et assez frais, ayant les pieds de la couleur des *trochilus*.

——

Bec-Fin natterer (Temm., pl. col. 24, f. 3); Fauvette Bonelli (Vieill., pl. 97, f. 3); Roux, pl. 226).

Sylvia Nattererii (Temm.); *Sylvia Bonellii* (Vieill.); *Phyllopneuste Bonelli* (Bonap.).

Lui bianco (Savi).

N. v. s. — '*nbucca muschi jancu.*

Cette espèce, distinguée de ses congénères depuis 1815, est commune dans le Piémont, notamment aux environs de Gênes, en Suisse et en Provence, et se trouve aussi en Anjou ainsi qu'en Bretagne et en Lorraine. Elle est plus rare en Sicile et je ne puis affirmer si elle passe l'hiver dans cette île, car on ne l'a jamais observée que depuis le mois d'avril jusqu'au mois d'octobre.

Le bec-fin Natterer se tient habituellement dans les bois où il niche, et quelquefois en plaine sur des peupliers ou sur des arbres touffus. Il habite aussi en Égypte, en Abyssinie et en Arabie.

——

Genre ACCENTEUR (Temm.); *Accentor* (Bechst); Fam. des SYLVIADEES; s. f. des PARIANÉES (Sw.).

ACCENTEUR MOUCHET (Temm.); Mouchet traîne-buisson ou Fauvette d'hiver (Buff., pl. enl. 615, f. 1); Fauvette de bois ou Roussette (Buff.); Traîne-Buisson (Cuv.); Pegot mouchet (Vieill., pl. 89, f. 2, adulte, et f. 3, tête du jeune. Roux, pl. 205).

Accentor modularis (Cuv., Temm., Swains., Naum., pl. 92, f. 5 et 4); *Sylvia modularis* (Vieill., Lath.); *Motacilla modularis* (Gmel.).

Passera scopajola (Savi).

N. v. s. — *Ghiummaloru* (Palerme); *Carbunaru* (Messine).

Cet accenteur, qui habite même fort avant dans le nord, est également répandu en Sicile. Comme beaucoup d'autres espèces, pendant l'été, il se retire sur les montagnes et dans les bois pour y nicher, tandis que l'hiver il descend dans les plaines et se tient dans les haies et les taillis.

MM. de Lamotte et de Selys-Lonchamps annoncent que c'est toujours dans le nid de cet accenteur que le coucou dépose ses œufs.

———

Genre ROITELET (Cuv., Temm.); Fam. des SYLVIADÉES; s. f. des SYLVIANÉES (Swains.).

ROITELET ORDINAIRE (Temm.); Roitelet commun (Vieill., Faune fr., p. 229 et pl. 102, f. 2); Roitelet (Cuv., Vieill., Nouv. dict. d'hist. nat., 1re édit., p. 435).

Regulus cristatus (Temm., Manuel, t. 3. Roux, pl. 234, f. 1, le mâle; f. 2, tête de la femelle. Vieill.); *Sylvia regulus* (Lath., Temm., Manuel, t. 1); *Motacilla regulus* (Linn., Cuv.).

Regolo (Savi).

N. v. s. — *Rüddu.*

Le roitelet, si commun et le plus petit oiseau d'Europe, est sédentaire en Sicile. Pendant l'hiver, il habite les plaines, les buissons, les haies des jardins, et l'été il se rend sur les montagnes boisées. On le voit quelquefois se suspendre aux rameaux flexibles des arbres, à l'extrémité desquels il attache son nid construit avec beaucoup d'art et d'élégance.

———

ROITELET TRIPLE BANDEAU (Temm.); Roitelet à moustaches (Vieill., Faune fr., p. 102, f. 3); Roitelet huppé à moustaches (Vieill., 2ᵉ édit. du nouv. dict. d'hist. natur. et Roitelet huppé, ois. d'Amér. sept., t. 2, pl. 106. Buff., pl. enl. 651, f. 3, sous le nom de Roitelet).

Regulus ignicapillus (Temm., Manuel, t. 3. Naum., pl. 93, f. 4, 5 et 6. Cuv.); *Sylvia ignicapilla* (Brehm, Temm., Manuel, t. 1); *Regulus mystaceus* (Vieill., pl. 102, f. 3. Roux, pl. 235, le mâle).

Fiorrancino (Savi).

N. v. s. — *Rüddu tupputu.*

Cette espèce, sédentaire en Sicile, a les mêmes habitudes que l'espèce précédente avec laquelle elle a été confondue pendant fort long-temps.

Elle est commune en Europe, notamment en Allemagne et à l'automne dans l'est de la France. Je l'ai aussi reçue de l'Algérie.

———

Genre TROGLODYTE (Cuv., Temm.); *TROGLODYTES* (Linn.); Tribu III, *SCANSORES;* Fam. des CERTHIADÉES ; s. f. des TROGLODYTINÉES (Swains.).

TROGLODYTE ORDINAIRE (Temm.); Troglodyte (Buff.,

pl. enl. 631, f. 2) ; Troglodyte d'Europe (Cuv. , Vieill. , pl. 103, f. 1. Roux, pl. 236).

Troglodytes vulgaris (Temm., manuel, t. 3); *Sylvia troglodytes* (Lath. , Temm. , t. 1) ; *Troglodytes europea* (Vieill. , Roux) ; *Motacilla troglodytes* (Linn.) ; *Passer troglodytes* (Cupani) ; *Troglodytes europœus* (Swains.).

Scricciolo (Savi).

N. v. s. — *Pulicicchiu* (Messine) ; *Rüddu* (Catane, Syracuse) ; *Perchia-Gazzia* (Castrogiovanni) ; *Rüddu di rocca* (Cupani).

Ce petit oiseau est aussi commun en Sicile qu'en France ; il habite, l'été, sur les montagnes boisées, et l'hiver, dans les plaines et dans les jardins.

———

Genre BERGERONNETTE (Temm.) ; *Hochequeue* et *Bergeronnette* (Cuv.); *Motacilla* (Lath. , Temm.) ; *Motacilla* et *Budytes* (Cuv.) ; Fam. des SYLVIADÉES ; s. f. des MOTACILLINÉES (Swains.) ; Fam. de ALAUDIDÉES ; s. f. des ANTHUSINÉES (de Lafresn.).

BERGERONNETTE GRISE (Temm. , Buff. , pl. enl. 674 , jeune) ; Lavandière (Buff. , pl. enl. 652, mâle en été) ; Hochequeue lavandière (Vieill. , pl. 79, f. 3, adulte, et pl. 80, f. 1, jeune. Roux, pl. 193).

Motacilla alba (Linn., Lath., Temm., Cuv.); *Motacilla cinerea* (Gmel.) ; *Sylvia cinerea* (Lath.).

Ballerina (Savi).

N. v. s. — *Pispisa janca* (Palerme) ; *Pispisa* (Catane, Messine, Syracuse).

Cette espèce est très-commune en Sicile, surtout lors du passage d'automne ; quelques couples passent l'hiver dans cette île, et y ont les mêmes habitudes qu'en France et dans le reste de l'Europe.

Nota. Je ne sais si la bergeronnette lugubre, observée en Italie, paraît aussi en Sicile, mais il ne serait pas étonnant qu'elle y eût été confondue avec la bergeronnette grise en robe d'été, quoiqu'elle en diffère essentiellement.

———

BERGERONNETTE JAUNE (Buff., pl. enl. 674, f. 2, sous le nom de Bergeronnette de printemps; Boarule, en mue de print., pl. enl. 28, f. 1, en hiver); Bergeronnette jaune ou Boarule (Temm.); Hochequeue jaune (Vieill., pl. 81, f. 1, mâle en été; f. 2, femelle. Roux, f. 195, mâle en été et en hiver).

Motacilla boarula (Linn., Vieill., Temm., Edw., vieux mâle en robe de noces); *Motacilla sulphurea* (Bechst); *Motacilla flava* (Briss., Jouston, Cupani).

Cutrettola (Savi).

N. v. s. — *Giallinedda* (Messine); *Pispisa giarna* (Palerme, Catane, Syracuse).

Cette espèce, qui est peu commune dans l'est et le nord de la France, est la seule bergeronnette sédentaire en Sicile. Elle y niche en grand nombre au bord des eaux limpides sur les rives des fleuves, et dans les localités éloignées des habitations. L'hiver, elle devient plus sociable et on la voit voltiger de toit en toit dans les villes et dans les villages, et ne pas craindre quelquefois de chercher sa nourriture dans les rues fréquentées.

———

BERGERONNETTE PRINTANIÈRE (Temm.); Bergeronnette de printemps (Buff., pl. enl. 674, f. 2. Cuv.); Hochequeue de printemps (Vieill., pl. 82, f. 1, mâle; f. 2, tête de la

femelle; f. 3, jeune. Roux, pl. 196, f. 1, vieux mâle;
f. 2, jeune).

Motacilla flava (Linn., Temm., Lath., Rüpp., Vieill.);
Budytes flava (Cuv., Swains.); *Motacilla neglecta*
(Gould); *Motacilla chrysogastra* (Bechst).

Cutti commune (Bonap.); *Cutrettola di primavera.*

N. v. s. — *Giallinedda.*

Cette bergeronnette, assez commune en Sicile, y arrive
une des premières, dès la fin de mars ou au commencement d'avril, et par bandes de huit à dix individus.

On la trouve en Égypte, en Nubie et en Algérie.

Nota. On a confondu long-temps, avec cette espèce,
la bergeronnette flavéole, qui se trouve non-seulement
en Angleterre mais encore dans toute la France, notamment dans les Pyrénées, en Picardie et en Bretagne,
selon MM. Darracq, Degland et Sganzin. C'est par erreur
que M. de Lafresnaye annonce, dans le Dictionnaire universel d'histoire naturelle (v. bergeronnette), que cette
dernière espèce n'a encore été observée qu'en Angleterre.

BERGERONNETTE A TÊTE GRISE.

Motacilla cinereo-capilla (Savi); *Budytes cinereo-
capilla* (Bonap.).

Cutti capo-cerino (Bonap.); *Strisciajola* (Savi).

N. v. s. — *Saittuni; Giallinedda masculu.*

Cette bergeronnette, si commune en Italie et dans le
midi de la France, et qui est de passage très-accidentel
dans le nord de la France, arrive en Sicile postérieurement à la bergeronnette printanière et se tient dans les
mêmes localités. Elle niche aux environs de Catane et de
Syracuse et affectionne les plaines humides et marécageuses.

L'absence de bande sourcilière blanche dans cette bergeronnette et sa gorge blanche sont les caractères qui la
distinguent de la bergeronnette printanière, dont elle
peut n'être qu'une race propre aux climats méridionaux ;
d'autant plus que le premier des caractères ci-dessus indiqués manque quelquefois, comme j'ai pu m'en convaincre par plusieurs sujets que j'ai recueillis en Sicile.

Cette bergeronnette est très-commune en Algérie.

———

BERGERONNETTE MÉLANOCÉPHALE.

Motacilla melanocephala (Savi, Licht., Rüpp., atlas,
pl. 33 *bis*) ; *Budytes melanocephala* (Bonap.).

Cutti capo-nero (Savi, Bonap.).

N. v. s. — *Giallinedda testa niura.*

La bergeronnette mélanocéphale paraît être une espèce
distincte de la *flava* et de la *cinereo-capilla*. Elle arrive
en Sicile avec les bandes de cette dernière espèce. Toutefois, elle est assez rare, car sur une douzaine de *cinereo-
capilla* on trouve à peine une *melanocephala*. Quoique
la *flava* et la *cinereo-capilla* nichent en Toscane, on n'y
voit jamais alors la *melanocephala*, selon M. Savi et M. le
prince de Musignano. Cette espèce, que M. Rüppell a
trouvée en Nubie et qui est commune en Grèce, est de
passage très-accidentel dans le nord de la France et en
Belgique. Une troupe nombreuse, dit M. de Selys, a été
observée à la fin de l'été, aux environs de Louvain, par
M. le vicomte de Spoelbergh.

Voici la description des sujets divers que j'ai recueillis
en Sicile.

Le *mâle adulte* de cette espèce a toute la tête, les
joues et la nuque d'un *noir foncé* et brillant. Gorge et
toutes les parties inférieures d'un beau jaune, *pas de*

bande blanche sourcilière. Le dos, le croupion et les petites couvertures des ailes d'un vert olivâtre, plus vif que chez la *motacilla flava.*

La *femelle* et les *jeunes* ont la tête d'un noirâtre qui devient foncé, sur le front, sur la région de l'œil et du méat auditif; nuque d'un cendré foncé; manteau d'un olivâtre moins pur.

M. Mossel m'annonce que cette bergeronnette arrive dans le département de la Drôme dans le courant d'avril, en compagnie de la *motacilla flava;* que leur direction est alors du sud au nord, et que cette dernière seule s'arrête pour nicher dans le département, tandis que la *melanocephala* ne s'y arrête pas; qu'au passage d'automne, lorsque les *flava* émigrent vers le midi, il est rare de trouver parmi elles quelques mélanocéphales, ce qui fait supposer qu'à cette époque ces dernières suivent une autre direction.

———

Genre PIPIT (Temm., Cuv.); *ANTHUS* (Becht); Fam. des SYLVIADÉES; s. f. des MOTACILLINÉES (Swains.); Fam. des ALAUDIDÉES; s. f. des ANTHUSINÉES (de Lafres.).

PIPIT AUX LONGS TARSES (Marchant); Pipit Richard (Vieill., pl. 78, f. 1. Roux, pl. 189 et pl. 190, après la mue d'automne. Temm., pl. col. 101 et Atlas du manuel).

Anthus longipes (Holandre); *Anthus richardi* (Vieill., Temm., Roux).

Ce pipit, qui habite l'Afrique, l'Espagne, le midi de la France et de l'Allemagne, est de passage irrégulier dans toute la France, et paraît même très-accidentellement en Angleterre. On m'a fait voir un sujet que l'on m'a assuré provenir de la Sicile, et je suis porté à croire que cette espèce effectue également son passage dans cette île. Les sujets provenant de l'Afrique sont presque tous colorés de roux sur les parties inférieures, tandis que ceux que je me suis procurés dans le Piémont et la Lombardie ont le fond du plumage blanc.

Ce pipit a été tué et décrit pour la première fois, en 1805, dans le département de la Moselle, par feu M. le baron Marchant, ce savant si distingué, qui lui donna le nom que j'ai cru devoir lui conserver comme le premier en date, et parce qu'il fait bien connaître le caractère distinctif de cette espèce. C'est aussi de la Lorraine que M. Vieillot l'a reçu postérieurement de M. Richard, et cet oiseau a été très-récemment tué près de Metz.

Nota. Je dois faire observer à cette occasion que c'est encore M. Marchant qui, le premier, a observé la *grive dorée,* tuée en septembre 1788, près de Metz, et que l'on voit dans la collection de cette ville.

Cette grive, ainsi nommée en 1825, dans la Faune de la Moselle, par M. Holandre, ancien conservateur du muséum, a, depuis 1840 seulement, été indiquée au nombre des espèces observées en Europe, par M. Temminck (t. 4, Manuel d'ornith.), sous les noms du *turdus varius seu withei*, empruntés à MM. Gould et Horsfield. Il est vivement à regretter que le savant directeur du muséum de Leyde n'ait pas conservé à cette belle espèce son premier nom de *turdus aureus*, qui peint bien mieux le sujet que ceux qu'il lui a substitués.

———

PIPIT SPIONCELLE (Temm., atlas du manuel, pl. lith., le jeune); Pipi spipolette (Vieill., pl. 79, f. 1, en été; f. 2., tête, en hiver. Buff., pl. enl. 661, f. 2, sous le faux nom d'alouette pipi; Roux, pl. 192, en automne.

Anthus aquaticus (Bechst., Temm., Vieill., Meyer, Naum., pl. 85, f. 3, en habit d'hiver; f. 4, jeune de l'année et f. 2, mâle en habit de noces); *Alauda cam-*

13

pestris spinoletta (Gmel., Lath.); *Anthus montanus*
(Koch, livrée d'été); *Anthus spinoletta* (Bonap.); *Anthus rupestris* (Nils.).

Spioncello (Savi); *Pispolada spioncella*

N. v. s. — *Zivedda di pantanu*

Cette espèce est de passage en Sicile à l'automne et
on la ·trouve quelquefois au bord des petits lacs du
Phare de Messine. Elle est plus abondante près du lac
de Lentini, et du côté de Syracuse. Parmi les individus
que j'ai été à même d'examiner, je n'ai pas observé
l'*Anthus obscurus* qui paraît fort rare dans les parties
méridionales de l'Europe.

———

PIPIT ROUSSELINE (Temm.); Rousseline et alouette de
marais (Buff. pl. enl. 661, f. 1; et pl. enl. 654, f. 1,
un jeune sous le nom de Fist de Provence); Pipi rousseline (Vieill., pl. 78, f. 2, en été; f. 3, tête en hiver;
Roux, pl. 191, f. 1, l'adulte; f. 2, tête du jeune), Pipi
fist (Vieill.).

Anthus rufescens (Temm.); *Anthus rufus et anthus
massiliensis* (Vieill.); *Anthus campestris* (Bechst., Cuv.,
Meyer, Naum., pl. 84, f. 1); *Motacilla masciliensis*
(Gmel.); *Sylvia masciliensis* (Lath.).

Calandro (Savi).

N. v. s. — *Currintuni* (Palerme).

Cette espèce, de passage à l'automne dans plusieurs
parties de la France, est assez commune en Sicile où
elle niche sur les montagnes, dans les crevasses des rochers
ou au pied des buissons. La rousseline n'est pas aussi
répandue aux environs de Messine que dans le reste de
l'île.

Je l'ai reçue de l'Algérie où elle avait été tuée en
octobre.

Pipit des prés ; Pipit farlouse (Temm., atlas du manuel, l'adulte); Farlouse ou alouette de pré (Cuv.); Cujclier (Buff. pl. enl. 660 , f. 2, la femelle); Pipi des buissons (Vieill., pl. 77 , f. 2, en hiver; f. 3, tète en été).

Anthus pratensis (Bechst., Temm., Naum., pl. 84 , f. 3, le mâle); *Anthus sepiarius* (Vieill., Roux, pl. 188); *Alauda sepiaria* (Briss.) ; *Alauda pratensis et alauda mosellana* (Gmel., Lath.) ; *Anthus tristis* (Baillon)?

Pispola (Savi).

N. v. s. — *Zivedda* (Messine); *Linguinedda* (Palerme).

Ce pipit est très-commun en Sicile pendant tout l'hiver, mais on le voit émigrer au printemps vers des contrées plus septentrionales où il niche. Cette espèce est au reste commune dans toute l'Europe.

Nota. J'ai évité de me servir du nom de pipit farlouse *Anthus pratensis* de M. Temminck, parce que cette ancienne dénomination de Buffon indique le Pipit des buissons *Anthus arboreus* de M. Temminck et le Pipit des arbres *Anthus arboreus* de Vieillot. Je me suis bien gardé également de me servir du nom de Pipit des buissons de Vieillot parce que c'est ainsi que M. Temminck désigne le Pipit des arbres de Vieillot. C'est pour éviter cette confusion et pour traduire littéralement le nom latin *pratensis* que j'ai pris la liberté de me servir du nom de Pipit des prés.

———

Pipit a gorge rousse (Temm.); Pipi de Cécile (Savig., atlas d'Egypte, pl. col. 5, f. 6).

Anthus rufogularis (Brehm., Temm., Naum., pl. 8, f. 16); *Anthus Cecilii* (Savig.).

N. v. s. — *Zivedda coddu russu.*

Ce pipit très-commun en Syrie, en Egypte, en Tur-

quie et en Barbarie, est de passage accidentel en Sicile,
en Dalmatie, en Sardaigne ainsi qu'en Allemagne et en
France. Il est assez probable que jusqu'ici on l'aura
confondu en Sicile avec l'*Anthus pratensis.*

Un jeune de cette espèce a été tué au mois de septembre par M. Ray dans le département de l'Aube et
deux autres sujets ont été pris au filet à l'automne aux
environs de Paris.

———

PIPIT DES ARBRES (Savig., pl. 13, f. 5, Vieill., pl. 77,
f. 1 ; Roux, pl. 187) ; Pipit des buissons (Temm.) ; Pivote
ortolane (Buff., pl. enl. 654, f. 2, le jeune) ; Pipi pivote
(Vieill., Buff., pl. enl. 660, f. 1, le mâle, sous le faux
nom de farlouse) ; Pipi (Cuv.).

Anthus arboreus (Bechst., Temm., Vieill., Naum., pl.
84, f. 2, le mâle) ; *Motacilla maculata* (Gmel.) ; *Sylvia
maculata* (Lath.) ; *Alauda trivialis* (Linn., Lath.).

Prispolone (Savi).

N. v. s. — *Zividduni* (Messine) ; *Lodona cantatura*
(Palerme).

Un grand nombre de ces pipits qui sont communs
l'hiver en Algérie, passe en Sicile dans le mois d'avril,
et il paraît qu'il en reste quelques-uns sur les montagnes de l'île pendant l'été. L'hiver on voit cet oiseau
dans les champs et dans les jardins.

NOTA. Je n'ai pas cru devoir me servir de la dénomination de Pipit des buissons adoptée pour cette espèce
par M. Temminck, d'abord parce que ce nom désigne
dans la faune française de Vieillot, le pipit farlouse ou
des prés de M. Temminck, ce qui peut occasionner des
erreurs et compliquer la synonymie sans nécessité ; ensuite
parce que je crois que l'on traduit mieux *Anthus arboreus*
par Pipit des arbres que par Pipit des buissons. Il est

déjà très-regrettable, je ne saurais trop le répéter, que le savant auteur du manuel d'ornithologie qui a tant fait pour simplifier la science, ait cru devoir appeler du nom de Pipit farlouse l'*Anthus pratensis*, lorsque la farlouse de Buffon, pl. enl. 660, f. 1, désignait non l'*Anthus pratensis*, mais bien l'*Anthus arboreus*.

Tribu II. — FISSIROSTRES (Cuv.); CHÉLIDONS (Temm.).

Tribu V, Fissirostres (Swains.) qui réunit en outre les syndactyles de Cuvier.

Genre MARTINET (Temm., Cuv.); *Cypselus* (Illiger, Cuv., Temm., Swains.); Famille des Hirundinidées (Swains.).

Martinet a ventre blanc (Temm. Vieill., pl. 61, f. 1); Grand martinet à ventre blanc (Buff.).

Cypselus alpinus (Temm.); *Cypselus melba* (Vieill., Roux, pl. 146); *Hirundo melba* (Linn., Lath.); *Hirundo alpina* (Scop.); *Micropus alpinus* (Meyer).

Rondone di mare (Savi); *Rondine maggiore.*

N. v. s. — *Rinninuni di livanti* (Messine); *Rinninuni di rocca* (Castrogiovanni); *Rinninuni pettu jancu* (Catane); *Rinninuni impiriali* (Syracuse).

Ce martinet, répandu en Suisse, en Sardaigne et à Malte, arrive en Sicile avant le martinet noir et ne reste que peu de temps dans les environs de Messine. Lors du passage on en tue beaucoup autour des petits lacs près du Phare. Cette espèce niche avec l'espèce suivante et le pigeon colombin dans les grottes du cap de Taormina, dans l'île des Cyclopes et à Syracuse. J'en

ai observé un couple nichant sur la digue de lave qui
forme la partie nord du port de Catane.

———

MARTINET NOIR (Vieill., pl. 60, f. 3); Martinet noir ou
grand martinet (Buff. pl. enl. 542, f. 2); Martinet (Less.);
Martinet de murailles (Temm.).

Cypselus apus (Illig., Vieill., Briss., Roux, pl. 145);
Cypselus murarius (Temm.); *Hirundo apus* (Linn.,
Lath.); *Micropus murarius* (Meyer); *Apus niger*
(Cupani).

Rondone (Savi); *Rondine maggiore volgare.*

N. v. s. — *Rinninuni.*

C'est de tous les oiseaux, celui dont le passage s'effectue
le plus tardivement en Sicile. De grandes bandes de
martinets passent l'hiver dans l'île et cette espèce y
niche soit dans les villes soit sur les rochers peu éloignés
du littoral, notamment au cap de Taormina, à l'île des
Cyclopes et autour des fortifications de Syracuse.

———

Genre HIRONDELLE (Temm., Cuv.); *HIRUNDO* (Linn.,
Cuv., Temm., Swains.); Fam. des HIRUNDINIDÉES (Swains.).

HIRONDELLE DE CHEMINÉE (Temm., Cuv., Vieill., pl. 58,
f. 2); Hirondelle de cheminée ou domestique (Buff., pl.
enl. 543, f. 1).

Hirundo rustica (Linn., Temm., Vieill., Cuv., Roux,
pl. 141); *Hirundo domestica* (Briss.).

Rondine (Savi); *Rondine domestica.*

N. v. s. — *Rinnina* (Palerme, Messine); *Rinnina di
casa* (Castrogiovanni).

Les hirondelles de cheminée, que l'on voit l'été en
Europe, émigrent avant l'hiver en Afrique et en Asie, et

c'est vers la fin du mois de mars que leur passage s'effectue en grand nombre sur la plage du détroit de Messine. Les habitants du littoral de la Sicile font une guerre à outrance à ces intéressants fissirostres, et cette chasse a lieu tant à coups de fusil qu'à l'aide de filets que l'on tend le long du rivage. L'arrivée seule des cailles opère une diversion en faveur des hirondelles.

L'hirondelle de cheminée niche en Sicile, comme dans le reste de l'Europe, de préférence dans les lieux habités : aussi, la voit-on dans les villages notamment, construire son nid, soit dans les greniers, soit sous les toits et dans les trous de murs, et choisir dans les villes les cheminées dont on ne se sert pas l'été ainsi que les cheneaux.

—

HIRONDELLE ROUSSELINE (Temm., Levaill., ois. d'Afr., pl. 245, f. 1, le mâle); Hirondelle à tête rousse (Buff., pl. enl. 723, f. 2, la femelle).

Hirundo rufula (Levaill., Temm.); *Hirundo capensis* (Gmel., Lath.), par erreur sous le nom de *Hirundo daurica* (Savi).

Sous le faux nom de *Rondine di Siberia* (Savi). Mais ce nom est la conséquence de l'erreur commise par ce savant naturaliste, qui a pris l'*hirundo rufula*, qui ne se trouve jamais en Sibérie, pour l'*hirundo daurica*, sans quoi il l'eut plutôt appelée *rondine di Barbaria*.

N. v. s. — *Rinnina di Barbaria.*

Cette espèce, originaire d'Afrique, se montre accidentellement en Sicile, en Italie et en France. Lors de mon passage à Gênes, le préparateur du muséum de l'Université royale m'a cédé un exemplaire, mâle de cette espèce, qui avait été tué récemment près de cette ville. Deux autres sujets mâle et femelle, tués dans la même localité, avaient déjà été déposés dans la collection de M. le marquis Durazzo.

Au printemps de 1832, il y eut en Sicile, notamment près de Messine, un passage considérable d'hirondelles rousselines mêlées à des hirondelles de cheminée ; mais depuis lors on n'en a plus observé dans cette partie de l'île. Antérieurement et postérieurement à cette époque, on en a tué quelques exemplaires aux environs de Palerme. Les sujets provenant de l'Egypte et du cap de Bonne-Espérance ne diffèrent point de ceux du Japon et de la Sicile.

En 1840, j'ai obtenu une hirondelle rousseline qui avait été apportée au marché de Montpellier, et on voit chaque année cette espèce aux environs de cette ville ainsi qu'auprès de Nismes ; elle se montre accidentellement aussi dans le département de la Drôme et de la Côte-d'Or.

———

HIRONDELLE DE FENÊTRE (Temm., Cuv., Vieill., pl. 60, f. 1, l'adulte, et f. 2, tête du jeune) ; Hirondelle à cul-blanc ou de fenêtre (Buff., pl. enl. 542, f. 2, sous le faux nom de petit martinet).

Hirundo urbica (Linn., Temm., Vieill., Cuv., Lath., Roux, pl. 144. Less., atlas, pl. 34, f. 2).

Balestruccio (Savi) ; *Rondine commune.*

N. v. s. — *Barbottula* (Messine) ; *Curidda janca* (Syracuse) ; *Martidduzzu* (Palerme, Catane, Castrogiovanni).

Cette hirondelle arrive en Sicile et en repart à la même époque que l'hirondelle de cheminée. On n'y a jamais observé un seul sujet de cette dernière espèce pendant l'hiver, tandis que l'on voit dans cette saison, notamment à Catane, un assez grand nombre d'hirondelles de fenêtre. Du reste, les mœurs des deux espèces sont identiquement les mêmes.

HIRONDELLE DE RIVAGE (Buff., pl. enl. 543, f. 2, le jeune. Temm., Cuv., Vieill., pl. 59 et non 39, f. 2).

Hirundo riparia (Linn., Temm., Cuv., Vieill., Roux, pl. 143).

Topino (Savi); *Rondine riparia.*

N. v. s. —*Munaceddu* (Messine); *Mortarella* (Cupani).

C'est au mois d'avril que s'effectue le passage de cette espèce dont un grand nombre de sujets hivernent en Sicile. On ne la voit guères qu'à cette époque aux environs de Messine ; mais elle niche en grandes troupes dans les marais de Catane et de Syracuse.

———

HIRONDELLE DE ROCHER (Temm., Vieill., pl. 59 et non 39, f. 1); Hirondelle grise des rochers (Buff., Roux, pl. 142, l'adulte).

Hirundo rupestris (Linn., Temm., Naum.); *Hirundo montana* (Vieill.).

Rondine montana (Savi).

N. v. s. — *Rinnina di rocca.*

Cette espèce, assez commune en Suisse, sur la Gemmi, en Sardaigne, en Savoie, dans les Pyrénées et dans le nord de l'Afrique, paraît assez rare en Sicile où elle niche néanmoins. M. Luighi Benoit la dit *fort rare* et n'avoir jamais pu s'en procurer qu'un seul exemplaire, il y a plusieurs années ; mais je suis porté à penser que si elle est rare du côté de Messine elle l'est beaucoup moins dans le centre de la Sicile.

M. Ledoux a trouvé l'hirondelle de rocher au mois de décembre, sur les bords de la mer, et à l'époque du passage ; on la voit souvent sur les murs de l'hôpital de Bône.

———

14

Genre ENGOULEVENT (Cuv., Temm.); *CAPRIMULGUS* (Linn., Cuv., Tem., Swains.); Fam. des CAPRIMULGIDÉES (Swains.).

ENGOULEVENT ORDINAIRE (Temm.); Engoulevent (Buff., pl. enl. 193, sous le nom de Crapaud volant); Engoulevent commun (Vieill., pl. 61, f. 2. Roux, pl. 147, le mâle).

Caprimulgus europœus (Linn., Temm., Swains., Cuv., Less.); *Caprimulgus vulgaris* (Vieill.).

Nottolone (Savi); *Succhia capare ó nottola.*

N. v. s. — *Curdaru* (Messine, Catane); *Inganna fuoddi* (Palerme, Syracuse).

On a remarqué, à Messine, que les engoulevents précèdent les cailles d'un jour lors de leur arrivée en Sicile au mois d'avril.

L'engoulevent se tient caché, pendant le jour, dans les arbres les plus touffus, attendant le crépuscule pour chercher sa nourriture. Ils ne construit pas de nid et dépose ses œufs sur terre au pied de quelque arbre ou sous un buisson.

Tribu III. — CONIROSTRES (Cuv.); GRANIVORES (Temm.);

A l'exception des genres *STURNUS*, *CORVUS*, *GARRULUS*, *NUCIFRAGA* et *CORACIAS* qui font partie de l'ordre des Omnivores de M. Temminck.

CONIROSTRES (Swains.);

A l'exception du genre *PARUS* qui fait partie des Dentirostres de Swainson.

Genre ALOUETTE (Temm., Cuv.); *ALAUDA* (Linn.); Fam. des FRINGILLIDÉES; s. f. des ALAUDINÉES (Swains.).

Iʳᵉ *SECTION* (Temm.).

ALOUETTE DUPONT (Vieill., pl. 76, f. 2. Temm., Roux, pl. 186).

Alauda duponti (Vieill., Temm., Roux); *Certhilauda duponti* (Sw.).

Cette espèce, qui habite la Syrie et l'Algérie, et qui est de passage accidentel sur les côtes de Provence et dans les îles d'Hyères, a été tuée en Sicile, assure-t-on. Je n'ai vu néanmoins aucun exemplaire provenant de cette île.

———

ALOUETTE BIFASCIÉE (Temm., pl. col. 393, l'adulte).

Alauda bifasciata (Licht., Temm., Rüpp., Fauna abyss., pl. 5); *Certhilauda bifasciata* (Swains., Gould).

N. v. s. — *Lodona africana* (L. B.).

Cette espèce, assez commune dans le nord de l'Afrique et dans l'île de Candie, se trouve aussi dans le midi de l'Espagne, et elle est de passage accidentel en Sicile et en Provence.

IIe *SECTION* (Temm.).

ALOUETTE DES CHAMPS (Temm., Cuv.); Alouette ordinaire (Buff., pl. enl. 363, f. 1); Alouette commune (Vieill., pl. 73, f. 2, l'adulte; f. 3, tête du jeune. Roux, pl. 180 et 181, une variété noire et Isabelle sans taches).

Alauda arvensis (Linn., Temm., Cuv., Vieill., Naum., pl. 100, f. 1); *Alauda vulgaris* (Cupani).

Panterana (Savi).

Lodona (Palerme); *Calandruni* (Messine).

Quoique un très-grand nombre d'alouettes des champs reste l'hiver en Sicile, on en voit passer des bandes considérables dès le printemps. Cette espèce, dont le chant est si doux et si mélodieux, niche autant en plaine que sur les montagnes.

Le musée de Metz en possède une nombreuse série de variétés blanches et blondes, ainsi qu'une variété entièrement noire, et une seconde d'un blanc lavé de jaune serin avec une moustache et un collier derrière le cou d'un brun noirâtre.

———

ALOUETTE LULU (Temm., Vieill., pl. 74, f. 3, adulte; pl. 75, f. 1, jeune. Roux, pl. 183); Lulu, alouette des bois ou cujelier (Buff., pl. enl. 503. Cuv.).

Alauda arborea (Linn., Temm., Lath., Naum., pl. 100, f. 2); *Alauda nemorosa* (Gmel., Vieill.); *Alauda cristatella* (Lath.); *Galerida arborea* (Boie, Brehm).

Tottavilla (Savi).

N. v. s. — *Passaruneddu di boscu; Calandredda.*

Cet oiseau habite en Sicile les localités incultes et à proximité des forêts. Il se tient souvent perché sur les arbres et niche dans les buissons.

———

ALOUETTE COCHEVIS (Buff. pl. enl. 503, f. 1, et pl 662, jeune, sous le nom de coquillade; Temm. Vieill. pl. 75, f. 2, l'adulte; f. 3, tête du jeune; Roux, pl. 184); Cochevis ou alouette huppée (Cuv.).

Alauda cristata (Linn., Temm., Vieill., Cuv., Lath., Briss., Naum., pl. 99, f. 1, le mâle); *Alauda undata* (Gmel., le jeune); *Galerida cristata* (Boie.).

Cappellaccia (Savi).

N. v. s. — *Cucugghiata* (Messine); *Cappiddina* (Catane); *Cucucciuta* (Palerme, Syracuse); *Scurriviola* (Castrogiovanni).

Le cochevis, répandu dans beaucoup de parties de la France, de l'Allemagne et de la Suisse, est aussi commun que la calandre en Espagne, en Italie, en Sicile et en Grèce. Il est également sédentaire et peu farouche dans les localités où il n'est pas chassé comme dans le centre de la Sicile. On en voit beaucoup le long des routes qui traversent la plaine de Catane et le bruit que fait un cheval ou une voiture ne les effraie pas.

———

CALANDRELLE (Bonelli); Alouette calandrelle (Temm., manuel 5e vol.; Vieill., pl. 74. f. 1, le mâle; f. 2, tête du jeune, Roux, pl. 182); Alouette à doigts courts ou Calandrelle (Temm., manuel, t. 1).

Alauda brachydactyla (Temm., Leisler); *Alauda arenaria* (Vieill.); *Melanocorypha itala et brachydactyla* (Brehm.); *Melanocorypha arenaria* (Bonap.).

Calandrino (Savi).

N. v. s. — *Quagghiarina* (Messine); *Ciciredda* (Castrogiovanni).

La calandrelle, si répandue en Grèce, est moins commune en Sicile que l'alouette lulu, et aux approches de l'hiver, elle émigre vers des contrées plus méridionales dont elle ne revient qu'au printemps. Elle se tient habituellement assez loin du littoral.

Je n'ai pu encore vérifier si l'alouette isabelline, (Temm., pl. col. 244, f. 2) qui habite la Grèce et l'Espagne, se trouve également en Sicile. Cette espèce, qui ressemble beaucoup à la calandrelle, quoique celle-ci soit moins forte, a pu être confondue jusqu'ici avec elle.

La calandrelle se montre quelquefois dans le nord de la France, ainsi elle a été tuée aux environs de Bayeux et de Metz.

IIIe SECTION (Temm.).

CALANDRE (Buff. pl. enl. 363, f. 2; Cuv.); Alouette calandre (Temm. Vieill.; pl. 76, f. 1; Roux, pl. 185, f. 1; l'adulte; f. 2, jeune au sortir du nid); Grosse alouette (Buff.); Calandre de Sibérie (Sonnini édit., Buff.).

• *Alauda calandra* (Linn., Temm., Vieill., Naum.; pl. 98, f. 1); *Alauda Sibirica* (Pallas, Gmel.); *Melanocorypha calandra* (Boie.).

Calandra (Savi).

N. v. s. — *Calandra.*

La calandre est très-commune dans les vastes plaines de la Sicile, surtout près de Catane où l'on en prend beaucoup aux filets. Néanmoins elle est assez rare aux environs de Messine. Cette espèce si commune en Italie et répandue en Espagne, en Sardaigne, en Grèce, en Algérie et dans le midi de la France, ne quitte presque jamais son lieu natal. Je possède de très-vieux mâles pris aux environs de Civita-Vecchia, pendant l'été, et qui portent sur le haut de la poitrine un hausse-col noir excessivement large qui n'est interrompu au milieu que par un espace blanc d'un centimètre. La calandre paraît accidentellement jusque dans le nord de la France, c'est ainsi qu'un sujet tué près de Bayeux, figure dans la collection de M. Chesnon.

———

Genre MÉSANGE (Cuv., Temm.); *Parus* (Linn., Cuv., Temm., Swains.); Famille des SYLVIADÉES, s. f. des PARIANÉES (Swains.).

Iʳᵉ *SECTION.* — SYLVAINS (Temm.).

CHARBONNIÈRE (Cuv.); Mésange charbonnière (Temm., atlas du manuel pl. lith. le mâle; Vieill., pl. 47, f. 1; Roux, pl. 118, le mâle et pl. 117 un jeune); Grosse mésange ou charbonnière (Buff. pl. enl. 3, f. 1).

Parus major (Linn., Cuv., Temm., Swains. Vieill., Naum; pl. 94, f. 1; Lath.).

Cinciallegra (Savi); *Cinciallegra maggiore.*

N. v. s. — *Monachella* (Cupani); *Vicinzedda* (Messine); *Primavera* (Catane, Syracuse); *Carrubbedda* (Castrogiovanni).

Cette mésange si commune en Europe, se trouve en Sicile toute l'année soit sur les montagnes boisées, soit dans les vallons et les jardins. Elle est toujours en mouvement, sautillant d'un arbre à l'autre, se suspendant quelquefois à une branche, et recherchant activement les chenilles, les insectes et leurs œufs, dont elle fait sa nourriture.

———

PETITE CHARBONNIÈRE (Buff., Cuv.); Mésange petite charbonnière (Temm., Vieill., pl. 47, f. 2. Roux, pl. 119).

Parus ater (Linn., Cuv., Temm., Vieill., Lath., Naum., pl. 94, f. 2).

Cincia romagnola (Savi); *Cinciallegra minore.*

N. v. s. *Oculimenchi* (Cupani); *Munacedda.*

Cette mésange est moins commune en Sicile que l'espèce précédente; on la trouve rarement l'été dans les plaines, quoiqu'elle soit très-répandue dans les bois où elle niche sur les branches les plus élevées des chênes et de quelques autres essences.

Cette petite mésange niche dans l'Algérie dès le mois d'avril, et les exemplaires que j'ai reçus de ce pays diffèrent de la mésange d'Europe au point d'en pouvoir former une espèce nouvelle.

———

MÉSANGE BLEUE (Buff., pl. enl. 3, f. 2. Temm., Vieill., pl. 48, f. 1, adulte; f. 2, jeune. Roux, pl. 120 *bis*); Mésange à tête bleue (Cuv.)

Parus Cœruleus (Linn., Temm., Vieill., Cuv., Lath., Lesson., Naum., pl. 95, f. 1 et 2).

Cinciarella (Savi); *Cinciallegra picola.*

N. v. s. — *Pirnizzola* (Messine) ; *Sagnacavaddu* (Palerme) ; *Susuddiu* (Catane, Syracuse).

Cette espèce, si répandue en Europe, et que l'on trouve en Asie comme en Amérique, est également commune en Sicile où j'ai eu occasion de l'observer dans le bois de Paterno, à la limite de la troisième région de l'Etna.

Les individus que j'ai reçus de l'Algérie ont la tête d'un bleu noirâtre et diffèrent de notre espèce d'Europe. Je crois qu'on en peut former une espèce nouvelle.

———

MÉSANGE NONNETTE (Temm., Vieill., pl. 47, f. 3. Roux, pl. 120); Nonnette cendrée (Buff., pl. enl. 3, f. 3); Mésange à tête noire, du Canada (Buff., Briss.).

Parus palustris (Linn., Temm., Vieill., Lath., Naum., pl. 94, f. 4).

Cincia bigia (Savi) ; *Cinciallegra cinerea.*

N. v. s. — *Munacedda testa niura.*

Cette espèce, répandue en Europe et en Amérique, n'est pas rare dans les jardins et dans les buissons aux environs de Palerme, quoiqu'on ne l'ait jamais trouvée du côté de Messine. Elle est plus commune aux environs de Catane et de Syracuse.

———

MÉSANGE A LONGUE QUEUE (Buff., pl. enl. 502, f. 3, la femelle. Temm., atlas du manuel, la femelle. Vieill., pl. 49, f. 1, mâle; f. 2, tête la femelle. Roux, pl. 122, mâle. Cuv.).

Parus caudatus (Linn., Temm., Lath., Vieill., Cuv., Naum., pl. 95, f. 4, 5 et 6); *Mecistura cauduta* (Leach.).

Cincia codona (Savi) ; *Codibugnolo.*

N. v. s. — *Pirnizzola cuda longa.*

Cette mésange, commune dans presque toute l'Europe

et en Asie, se trouve dans les diverses parties de la Sicile, excepté aux environs de Messine. Elle habite les bois, notamment près de Palerme.

IIᵉ *SECTION.* — RIVERAINS (Temm.).

MÉSANGE MOUSTACHE (Temm. atlas du manuel, le mâle; Vieill., pl. 49, f. 3, le mâle; pl. 50, f. 1, femelle. Roux, pl. 123, mâle; pl. 123 bis, femelle); Moustache (Cuv.); Mésange barbue ou moustache (Buff. pl. enl. 618, f. 1, mâle, f. 2, femelle.

Parus biarmicus (Linn., Temm., Vieill., Cuv., Naum., pl. 96; Lath., Gmel.); *Parus russicus* (Gmel.); *Calamophilus biarmicus* (Leach, Gould, pl. part. 4, mâle et femelle).

Basettino (Savi).

N. v. s. — *Pispise.*

Cette jolie espèce, également répandue en Europe et en Asie, habite la Sicile toute l'année, et se trouve notamment dans les marais de Catane, sur le lac de Lentini, sur les bords de l'Anapus et de la rivière de Cyane, où on la voit voltiger sur les roseaux et les cyperus papyrus : elle construit son nid parmi les joncs et les herbes touffues. On la trouve en Lorraine dans les saussaies qui bordent la Moselle.

IIIᵉ *SECTION.* — PENDULINES (Temm.).

MÉSANGE RÉMIZ (Temm., atlas du manuel, le mâle. Vieill., pl. 50, f. 2, le mâle; f. 3, le jeune. Roux, pl. 124, f. 1, mâle adulte; f. 2, tête du jeune); Rémiz ou Mésange de Pologne (Buff., pl. enl. 618, f. 3; Mésange de Languedoc et la Penduline (Buff., pl. enl. 708, f. 1, le jeune); Rémiz (Cuv.).

Parus pendulinus (Linn., Temm., Vieill., Cuv., Naum.,

15

pl. 97. Lath.); *Parus narbonensis* (Gmel., Lath.); *OEgithalus pendulinus* (Vigors).

Fiaschettone (Savi).

N. v. s. — *Carrubeddu* (Cupani).

Cette mésange à bec droit, effilé et aigu, qui habite les bords du Danube, du Pô et de l'Arno, se trouve aussi dans le midi de la France et accidentellement dans le nord et l'est. Elle demeure toute l'année en Sicile où elle niche dans les marais des environs de Catane et sur les bords de l'Anapus et de la rivière de Cyane. Son nid, qui a la forme d'une bourse étranglée, est tissé avec beaucoup d'art et composé du duvet de plusieurs plantes, telles que le saule, le cotonnier, etc.; et pour le mettre à l'abri des eaux, surtout des petits mammifères, elle le suspend à l'extrémité d'un rameau flexible de quelque arbuste aquatique. J'ai recueilli plusieurs de ces nids pendant mon séjour dans les légations romaines où la mésange rémiz est assez commune.

———

Genre BRUANT (Temm., Cuv.); EMBERIZA (Linn.); Fam. des FRINGILLIDÉES; s. f. des FRINGILLINÉES (Swains.).

BRUANT JAUNE (Temm., Vieill., pl. 43, f. 1, le mâle; f. 2, tête de la femelle; f. 3, le jeune. Roux, pl. 104, f. 1, le mâle; f. 2, tête de la femelle); Bruant (Buff., pl. enl. 30, f. 1); Bruant commun (Cuv.).

Emberiza citrinella (Linn., Temm., Cuv., Vieill., Lath.; Naum., pl. 102, f. 1, mâle; f. 2; femelle).

Zigolo giallo (Savi).

N. v. s. — *Ziulu giarnu*.

Ce bruant, qui porte en France le nom de *verdière* dans nos campagnes, et qui est très-commun en Europe, est peu répandu en Sicile du côté de Messine et le long du littoral. Je l'ai observé néanmoins sur les collines de la Bagharia, aux environs de Palerme et non loin de Montréal.

———

PROYER (Buff., pl. enl. 233. Cuv.); Bruant proyer (Temm.,Vieill.,pl. 44, f. 3. Roux, pl. 108, f. 1, adulte; f. 2, le jeune au sortir du nid.

Emberiza miliaria (Linn., Temm., Vieill., Cuv., Naum., pl. 101, f. 1. Lath.); *Cynchramus miliaria* (Bonap.).

Strillozzo (Savi).

N. v. s. — *Ciciruni.*

Cette espèce est sédentaire et très-commune en Sicile, où l'on distingue deux races comme dans le bouvreuil.

J'ai trouvé des exemplaires de ces deux races dans le Piémont et à Gênes ; elles ne diffèrent entre elles que par une taille d'un cinquième plus forte.

———

BRUANT DE ROSEAUX (Temm., atlas du manuel, pl. lith., le mâle au printemps. Vieill., pl. 46, f. 1, mâle en été; f. 2, tête du mâle en hiver. Roux, pl. 113, f. 2, femelle avant la mue d'automne, et pl. 114, femelle adulte. Cuv.); Ortolan de roseaux (Buff., pl. enl. 247, f. 2, le mâle, et pl. 477, f. 2, la femelle); Coqueluche (Buff.).

Emberiza schœniclus (Linn., Temm., Cuv., Vieill., Naum., pl. 105. Lath.); *Emberiza arundinacea* (Gmel., Lath.).

Migliarino di palude (Savi); *Monachino di palude.*

N. v. s. — *Ziulu di pantanu.*

Ce bruant est commun, l'hiver, en Sicile, dans tous les jardins et dans les champs. L'été, il se tient dans les lieux marécageux où il niche au milieu des roseaux ;

aussi est-il abondant aux environs de Catane, de Lentini et de Syracuse.

———

BRUANT DE MARAIS (Temm.).

Emberiza palustris (Savi, Temm., Roux, pl. 114 bis, f. 1, mâle après la mue d'été; f. 2, tête de la femelle).

Ortolano di palude (Bonap., pl. col., le mâle, la femelle et le jeune.

Cette espèce, qui, suivant M. Temminck, pourrait bien n'être qu'une variété de l'*Emberiza schœniclus*, est sédentaire en Sicile, où elle a toujours été confondue avec ce dernier bruant. Elle diffère du bruant de roseaux, par sa taille, qui est un peu plus forte, et principalement par son bec, qui est plus gros, fort, très-courbé, court, comprimé, obtus à sa pointe et sans tubercule osseux à la face interne de la mandibule supérieure. Aussi ce bruant se rapproche-t-il un peu, par le bec, des fringilles et surtout des bouvreuils, ainsi que le fait observer judicieusement M. Degland.

J'ai recueilli quelques sujets de cette espèce lors de mon passage à Nîmes, et on la trouve dans tout le midi de la France ainsi qu'en Italie. Elle habite en Sicile les mêmes localités que le bruant de roseaux auquel, il faut l'avouer, elle ressemble entièrement par le plumage dans tous les âges.

———

ORTOLAN (Buff. pl. enl. 247, f. 1, mâle, Cuv.); Bruant ortolan (Temm. Vieill., pl. 46, f. 3, mâle en été. Roux, pl. 115, f. 1, mâle; f. 2, femelle; pl. 116 une variété).

Emberiza hortulana (Linn., Temm., Vieill., Cuv., Naum., pl. 103, mâle, femelle et variété. Lath.).

Ortolano (Savi).

N. v. s. — *Ortulanu.*

L'ortolan est très-commun en Italie et en Sicile, quoique rare dans certaines parties avoisinant le littoral, à Messine notamment.

Cette espèce si recherchée des gourmets, niche dans le midi de la France, et même dans le département du Nord suivant M. Degland. Elle n'est que de passage en Lorraine et on l'a tuée jusqu'en Angleterre.

———

BRUANT CENDRILLARD (Temm.); Bruant fou, mâle variété (Roux, pl. 112 bis, le mâle).

Emberiza cœsia (Atlas du voy. de Rüppell, pl. 10, f. 6, le mâle au printemps); *Emberiza rufibarbata* (Hemprich et Ehrenberg).

Cet oiseau originaire de la Syrie, de la Nubie et de l'Egypte et qui habite aussi la Grèce, a été trouvé plusieurs fois dans le midi de la France où on l'a pris pour une variété du bruant fou mâle ou de l'ortolan.

Un seul exemplaire du bruant cendrillard a été tué, dans le midi de la Sicile, mais je suis porté à croire que des observations plus exactes le feront retrouver plus fréquemment dans cette île.

Un individu de cette espèce a aussi été tué près de Vienne en Autriche, selon M. Temminck.

———

BRUANT ZIZI OU DE HAIE (Temm., Buff., pl. enl. 653, f. 1, le vieux mâle, et f. 2, le jeune sous le faux titre de femelle); Bruant zizi (Vieill., pl. 44, f. 1, mâle, f. 2, tête de la femelle; Roux, pl. 105, mâle en été, pl. 106, femelle en été); Bruant des haies (Cuv.).

Emberiza cirlus (Linn., Lath., Cuv., Temm., Vieill., Naum., pl. 102, f. 3 et 4); *Emberiza elcathorax* (Bechst.).

Zigolo nero (Savi).

N. v. s. — *Ziulu* (Messine, *Zinzicula giarna* (Catane, Syracuse), *Zizi* (Castrogiovani).

Ce bruant, si abondant en Italie, en Suisse et dans le midi de la France, est commun en Sicile, pendant l'hiver dans les jardins et sur les collines des environs de Palerme et de Messine. Il se retire au printemps dans les bois pour y nicher. Je l'ai reçu de l'Algérie.

———

BRUANT FOU OU DE PRÉ (Buff., pl. enl., 30, f. 2, le mâle; pl. 511, le jeune mâle sous le nom d'ortolan de Lorraine); Bruant fou (Cuv., Vieill., pl. 45, f. 2, mâle en été; f. 3, tête du même en hiver; Roux, pl. 111, le mâle; pl. 112, la femelle.

Emberiza cia (Linn., Temm., Cuv., Vieill., Lath., Naum., pl. 104, f. 1 et 2); *Emberiza lotharingica* (Gmel., Lath.).

Zigolo muciatto (Savi).

N. v. s. — *Viziola* (Messine); *Zivulu* (Palerme); *Zingicula* (Catane, Syracuse).

Le bruant fou est assez commun l'hiver dans les plaines de la Sicile, et se tient de préférence dans les jardins et près des lieux habités. Quoiqu'il émigre au printemps vers le Nord, il en reste beaucoup qui nichent dans les forêts, surtout le long des torrents. Ce bruant se trouve aussi en Algérie.

———

BRUANT MITILÈNE (Temm., atlas du manuel le mâle, Vieill., Roux, pl. 109, f. 2 et le jeune, f. 1); Mitilène de Provence (Buff. pl. enl. 656, f. 2).

Emberiza lesbia (Gmel., Temm., Vieill., Lath., Roux);

Zia di tordi (Calvi.).

Quoique je n'aie pas encore appris que le mitilène ait été observé en Sicile, néanmoins je crois devoir le signaler à l'attention des naturalistes. En effet cette espèce qui est commune en Grèce, se trouve, dit-on, en Algérie d'où elle paraît effectuer accidentellement son passage dans toute l'Italie. J'ai obtenu, à Milan; un individu tué en 1859 près de cette ville.

———

Genre GROS-BEC (Temm.); *FRINGILLA* (Illiger); *FRIN-GILLA, PYRGITA, CARDUELIS* et *COCCOTHRAUSTES* (Cuv.); Fam. des FRINGILLIDÉES; s. f. des FRINGILLINÉES, et s. f. des COCCOTHRAUSTINÉES (Swains.).

Iʳᵉ *SECTION*. — LATICONES (Temm.).

GROS-BEC VULGAIRE (Temm.); Gros-bec (Buff., pl. enl. 99 et 100); Gros-Bec commun (Cuv.); Gros-Bec d'Europe (Vieill., pl. 33, f. 1, mâle; f. 2, jeune. Roux, pl. 75, mâle; pl. 76, femelle).

Fringilla coccothraustes (Temm.); *Loxia coccothraustes* (Linn., Lath.); *Coccothraustes vulgaris* (Vieill., Briss.); *Coccothraustes œuropeus* (Swains., Selby, pl. 55, f. 1).

Frusone (Savi).

N. v. s. — *Scacciamennuli.*

Le gros-bec, qui est très-rare dans les environs de Messine, est abondant dans le reste de la Sicile, lors du passage du printemps. Cet oiseau, qui se trouve en Sibérie et en Asie, niche dans plusieurs parties de la France, de l'Italie et de la Sicile.

———

VERDIER (Buff., pl. enl. 267, f. 2, mâle. Cuv.); Gros-Bec verdier (Temm.); Fringille verdier (Vieill., pl. 34,

f. 1, mâle ; f. 2, jeune ; f. 3, tête de la femelle. Roux, pl. 77, mâle ; pl. 78, femelle).

Fringilla chloris (Temm., Vieill.); *Loxia chloris* (Linn., Lath.); *Chloi ospiza chloris* (Bonap.); *Chloris flavigaster* (Swains.).

Verdone (Savi).

N. v. s. — *Virduni ; Viridaceola* (Cupani).

Cette espèce, très-commune dans presque toute l'Europe, arrive à l'automne en Sicile par bandes nombreuses, dont la majeure partie passe l'hiver dans les plaines et dans les forêts de cette île.

———

Gros - Bec incertain (Temm.); Fringille incertaine (Roux, pl 72 *bis*, femelle).

Fringilla incerta (la femelle, Risso. Temm., Roux); *Fringilla olivacea* (Raffin.) ; *Erythrospiza incerta* (Bonap.).

Un mâle de cette espèce rare a été observé, par Raffinesque, aux environs de Palerme, et elle est de passage en Provence et en Espagne.

En 1839, on en a tué, dans les Pyrénées, un sujet jeune, rayé de mèches brunes longitudinales sur les parties inférieures. Risso annonce aussi que ce gros-bec, qui est de passage dans presque toute l'Italie, se voit aux environs de Nice pendant les mois d'octobre et de novembre.

———

Soulcie (Cuv.); Moineau des bois ou Soulcie (Buff., pl. enl. 225); Gros-Bec soulcie (Temm.); Fringille soulcie (Vieill., pl. 35, f. 1. Roux, pl. 79); Moineau fou et Moineau de Bologne (Briss.).

Fringilla petronia (Linn., Lath., Temm., Vieill., Naum., pl. 116, f. 3 et 4); *Fringilla stulta* et *Boloniensis*

(Gmel., Lath.); *Petronia rupestris* (Bonap.); *Cocco-thraustes petronia* (Cuv.).

Passera lagia (Savi).

N. v. s. — *Passarastra*.

La soulcie est commune en Sicile, quoique peu ré-pandue aux environs de Messine. On la voit au printemps mêlée aux bandes de pinsons et de verdiers. M. Luighi Benoit a trouvé un grand nombre de nids de soulcies tapissant l'intérieur d'un puits desséché.

———

Moineau cisalpin (Cuv.); Gros-Bec cisalpin (Temm., atlas du manuel, le mâle); Moineau à tête marron (Vieill., pl. 168, f. 2); Fringille à tête marron (Vieill., galerie des ois., pl. 63. Roux, pl. 82 *bis*, mâle adulte.

Fringilla cisalpina (Temm.); *Fringilla Italiæ* (Vieill.); *Pyrgita cisalpina* (Cuv., Swains.).

Passera reale (Savi).

N. v. s. — *Passareddu*.

Cet oiseau, si commun en Italie et en Sicile, a les mêmes mœurs que le moineau domestique qu'il remplace dans ces contrées. Les jeunes mâles ont le noir de la poitrine moins étendu. A l'automne de 1835, on a pris, aux filets, près de Catane, une jolie variété albine de cette espèce, d'un blanchâtre uniforme, avec deux taches noires de chaque côté du bec. J'en ai recueilli plusieurs autres variétés, dans les légations, près Bologne.

———

Moineau espagnol; Gros-Bec espagnol (Temm.); Frin-gille mouchetée ou des saules (Vieill., pl. 168, f. 1); Fringille espagnole (Roux, pl. 84, vieux mâle) sous le nom de Moineau cisalpin (Audouin, atlas d'Egypte, pl. 5, f. 7, un mâle).

Fringilla hispaniolensis (Temm., Meyer, Roux); *Fringilla salicicola* (Vieill.); *Pyrgita hispaniolensis* (Cuv., Swains.).

Passera sarda (Savi).

N. v. s. — *Passaru sbirru.*

Cette espèce, très-commune en Sicile, en Espagne et en Egypte, quoique vivant avec le moineau cisalpin, ne s'allie pas avec cette dernière espèce dont il a les habitudes. C'est fort à tort que M. Audouin, rédacteur de l'explication des planches de l'atlas du grand ouvrage sur l'Egypte, critique M. Temminck d'avoir créé une espèce distincte du moineau espagnol d'avec le moineau cisalpin. Il suffit d'avoir observé ces deux espèces, en Sicile, pour être convaincu que c'est M. Audouin lui-même qui opérait la confusion, en appelant *fringilla cisalpina* la *fring. hispaniolensis,* dont la pl. 5 de l'atlas d'Egypte donne une assez bonne figure.

J'ai obtenu des variétés albines du moineau espagnol qui ne diffèrent de semblables variétés du moineau domestique que par un bec un peu plus fort et un peu plus long.

M. Ledoux m'écrit, de la province de Bône, qu'il n'a encore vu, en Algérie, que le moineau espagnol, et qu'il est dès-lors probable que le moineau cisalpin, pas plus que notre moineau ne s'y trouvent.

———

FRIQUET (Buff. pl. enl. 267, f. 1); Gros bec friquet (Temm.); Friquet ou moineau de bois (Cuv.); Fringille friquet (Vieill. pl. 36, f. 1; Roux, pl. 83, mâle); Hambouvreux (Buff.).

Fringilla montana (Linn., Temm. Vieill., Roux, Naum., pl. 116, f. 1 et 2; Lath.); *Pyrgita montana* (Cuv., Less., Swains.).

Passera mattugia (Savi).

N. v. s. — *Passaru di campagna.*

Cette espèce, qui est répandue depuis la Sibérie et la Laponie jusqu'en Afrique et au Japon, est sédentaire en Sicile et habite toujours dans les campagnes, tandis que les autres espèces de moineaux se trouvent principalement dans les villes et les bourgs. Le friquet est peu commun aux environs de Messine, mais on en voit des bandes nombreuses du côté de Lentini où le riz et d'autres céréales abondent.

———

Cini (Cuv.); Serin ou Cini (Buff., pl. enl. 658, f. 1); Gros bec serin ou Cini (Temm.); Fringille cini (Vieill., pl. 38, f. 1, et galerie des ois., pl. 62, sous le faux nom de venturon; Roux, pl. 94, f. 1, vieux mâle; f. 2, femelle adulte.

Fringilla serinus (Linn., Temm., Cuv., Lath., Vieill., Naum., pl. 123); *Loxia serinus* (Meyer), *Serinus meridionalis* (Brehm).

Verzellino (Savi).

N. v. s. — *Rappareddu.*

Le cini est très-commun en Sicile pendant l'hiver dans tous les jardins, les champs et les haies; mais au printemps, il émigre vers les contrées plus tempérées et devient excessivement rare dans l'île. Il niche quelquefois en Lorraine sur les arbres fruitiers.

IIe *SECTION.* — BRÉVICONES (Temm.).

Pinson (Buff., pl. 54, f. 1, mâle en automne); Gros bec pinson (Temm.); Pinson ordinaire (Cuv.); Fringille pinson (Vieill. pl. 36, f. 2, mâle; f. 3, tête de la femelle; Roux, pl. 85, mâle en automne; pl. 86, f. 1, femelle; f. 2, tête du mâle au printemps.

Fringilla cœlebs (Linn., Lath., Temm., Vieill., Roux, Cuv., Naum., pl. 118; Swains., Selby, pl. 54, f. 6 et 7).

Fringuello (Savi).

N. v. s. — *Spunzuni.*

Beaucoup de pinsons séjournent l'hiver en Sicile, ainsi qu'aux deux époques du passage, c'est-à-dire au printemps et au milieu de l'automne. On en voit des bandes nombreuses se diriger vers les contrées septentrionales. L'été ils nichent dans les forêts, et sur les montagnes de la Sicile, tandis que l'hiver ils descendent en plaine et recherchent leur nourriture dans les champs, dans les jardins et sur les chemins fréquentés.

Cet oiseau habite aussi en Algérie, mais les sujets de cette contrée diffèrent tellement, pour les couleurs, de ceux d'Europe, que l'on doit en former une espèce distincte ; ils sont en outre plus petits, comme au reste la plupart des espèces de l'Algérie, comparées à celles d'Europe.

———

PINSON D'ARDENNES (Buff., pl. enl. 54, f. 2, le mâle); Gros-Bec d'Ardennes (Temm., atlas du manuel, mâle au print.); Fringille d'Ardennes (Vieill., pl. 37, f. 1, mâle; f. 2, tête de la femelle. Roux, pl. 87, f. 1, le mâle en automne ; f. 2, vieux mâle en automne ; pl. 28, femelle); Chardonneret à quatre raies (Buff., jeune femelle); Pinçon de montagne (Cuv.).

Fringilla Montifringilla (Linn., Temm., Cuv., Lath., Vieill., Roux, Naum., pl. 119, f. 1 et 2, mâles en été et en hiver; f. 3, femelle. Swains., Selby, pl. 54, f. 8 et 9).

Peppola (Savi); *Fringillo montanino.*

N. v. s. — *Spunzuni varvariscu.*

Ce pinson, si commun dans les forêts de pins et de

sapins du nord et qui habite au Japon, est assez rare en
Sicile. On en prend quelquefois aux filets lors du passage
de printemps.

———

LINOTTE ORDINAIRE (Buff., pl. enl. 151, f. 1); Grande
Linotte de vignes (Buff., pl. enl. 485, f. 1, le mâle prenant sa robe d'été; et pl. enl. 151, f. 2, le vieux mâle
en mue, sous le nom de Petite Linotte de vignes); Grande
Linotte (Cuv.); Fringille linotte (Vieill., pl. 58, f. 2, mâle;
f. 3, tête de la femelle. Roux, pl. 91, vieux mâle en robe
de printemps; pl. 92, mâle en automne); Gentyl de
Strasbourg, une variété de la linotte (Buff.),

Fringilla cannabina (Linn., Temm., Cuv., Naum., pl.
121. Lath.); *Fringilla linota* (Vieill.); *Linota cannabina*
(Bonap.); *Linaria canabina* (Swains., Selby, pl. 55, f. 3
et 4).

Montanello (Savi); *Montanello maggiore.*

N. v. s. — *Zuinu.*

On voit, à la fin de l'automne, des bandes fort nombreuses de linottes émigrer des contrées septentrionales,
traverser la Sicile et se diriger ensuite vers l'Orient. Un
grand nombre passe l'hiver en Sicile, mais au printemps
les linottes retournent presque toutes vers le nord, et
quelques couples seulement restent l'été dans l'île.

J'ai reçu la linotte de la province de Bone où elle est
commune au printemps.

IIIᵉ *SECTION.* — LONGICONES.

VENTURON (Cuv.); Venturon de Provence (Buff., pl. enl.
658, f. 2); Gros-Bec venturon (Temm.); Fringille venturon (Vieill, pl. 40, f. 1, sous le faux nom de Fringille
cini. Roux, pl. 90, le mâle); Bruant du Tyrol (Buff.,
édit. Sonnini).

Fringilla citrinella (Linn., Temm., Cuv., Vieill., Naum., pl. 124, f. 3 et 4. Lath.); *Emberiza brumalis* (Gmel., Lath.); *Fringilla brumalis* (Bechst.).

Citrinella (Cupani).

Cette espèce, très-commune en Italie et dans tout le midi de l'Europe, a été confondue long-temps en Sicile avec le cini dont elle diffère beaucoup néanmoins. Le venturon est plus rare en Sicile que le cini, car on ne le trouve point dans les environs de Messine, quoiqu'il habite l'hiver aux environs de Palerme. Il émigre au printemps, ainsi que le cini et dans les mêmes localités.

———

TARIN (Buff., pl. enl. 485, f. 3, mâle); Tarin commun (Cuv.); Gros-Bec tarin (Temm.); Fringille tarin (Vieill., pl. 39, f. 2, mâle; f. 3, tête de la femelle. Roux, pl. 95, mâle; pl. 96, femelle).

Fringilla spinus (Linn., Temm., Cuv., Vieill., Lath., Naum., pl. 125. Meyer); *Chrysomistris spinus* (Boié).

Lucarino (Savi).

N. v. s. — *Lucaru.*

Le passage du tarin, en Sicile, n'a guères lieu que tous les deux ou trois ans environ, et il est plus que probable que jamais il ne niche dans cette île. Dans le mois de juillet, faisant quelques excursions aux glaciers de la vallée de Chamouny, je trouvai le tarin nichant à la lisière d'un bois de sapin, sur le Montanvert.

———

SIZERIN (Buff.); Gros-Bec sizerin (Temm.); Cabaret (Buff., pl. enl. 485, f. 2, le mâle); Petite Linotte ou Cabaret (Briss.); Fringille cabaret (Vieill., pl. 41, f. 1) et non son Fringille Sizerin qui est un *Fringilla borealis* Roux, pl. 99, vieux mâle en été; pl. 100, f. 1; femelle, et f. 2, tête du mâle en automne); Sizerin, Cabaret ou Petite Linotte (Cuv.).

Fringilla linaria (Linn., Temm., Cuv., Naum., pl. 126); *Fringilla rufescens* (Vieill., Roux).

Montanello minore.

Cette espèce se mêle quelquefois aux bandes de linottes et est de passage accidentel en Italie et en Sicile.

———

CHARDONNERET (Buff., pl. enl. 4, f. 1, le mâle); Chardonneret ordinaire (Cuv.); Gros-Bec chardonneret (Temm.); Fringille chardonneret (Vieill., pl. 40, f. 2, le mâle; f. 3, tête du jeune. Roux, pl, 97, mâle; pl. 98, jeune au sortir du nid).

Fringilla carduelis (Linn., Lath., Temm., Vieill., Cuv., Naum., pl. 124, f. 1, mâle; f. 2, femelle); *Carduelis europeus* (Swains.).

Cardellino (Savi).

N. v. s. — *Cardiddu ; Cardu giaculuni* (Cupani).

Ce joli oiseau, répandu jusqu'en Sibérie, est commun en Sicile dans toutes les saisons, et y niche principalement sur les arbres fruitiers et sur les cyprès.

———

Genre BOUVREUIL (Cuv., Temm.); *PYRRHULA* (Briss., Temm., Cuv., Sw.); Fam. des FRINGILLIDÉES; s. f. des PYRRHULINÉES (Sw.).

BOUVREUIL COMMUN (Temm.); Bouvreuil (Buff., pl. enl. 145, f. 1, mâle, et f. 2, femelle. Encycl., pl. 149, f. 4); Bouvreuil d'Europe (Vieill., pl. 32, f. 1, mâle; f. 2, jeune; f. 3, tête de la femelle; *Idem*, galer. des ois., pl. 56, mâle. Roux, pl. 73, mâle; pl. 74, femelle, variété de petite race); Bouvreuil ordinaire (Cuv.); Bruant écarlate (Sonnini, édit. de Buff., le vieux mâle).

Pyrrhula vulgaris (Briss., Temm., Swains., Selby, pl. 54, f. 1 et 2); *Loxia pyrrhula* (Linn., Cuv., Naum., pl. 111); *Pyrrhula europœa* (Vieill., Roux).

Ciuffolotto (Savi).

N. v. s. — *Passaru americanu.*

Cet oiseau, qui affectionne les contrés septentrionales, est de passage accidentel en Sicile ; ainsi, en avril 1835, un mâle adulte fut tué aux environs de Messine ; le mois suivant on tua la femelle, et dans l'hiver de 1837 une autre femelle fut prise aux filets.

Le bouvreuil niche en France, notamment dans les Pyrénées et dans les Ardennes, et j'en ai souvent vu des nids près du château de Bouillon. Vieillot prétend que le grand et le petit Bouvreuil, observés par les oiseleurs et les naturalistes, forment deux races distinctes, qui font bandes à part, quoique demeurant habituellement dans les mêmes localités, tandis que M. Temminck pense que cette différence de grosseur n'est que purement accidentelle et n'est occasionnée que par la plus grande abondance de nourriture que les sujets dits de la grosse race ont trouvée dans certaines localités.

On a observé, près de Lille, suivant M. Degland, des passages entiers de bouvreuil de grosse race, ne se mêlant point aux bouvreuils communs. Les sujets de la grosse race sont les plus recherchés et les plus rares. Nous en voyons aussi chaque année quelques sujets passer à l'automne dans l'est de la France.

———

BOUVREUIL GITHAGINE (Temm., pl. col. 400, f. 1 et 2. Roux, pl. 74 bis, mâle en automne); Bouvreuil de Payraudeau (Audouin, atlas d'Egypte, pl. 5, f. 8.

Pyrrhula githaginea (Temm., Roux); *Pyrrhula Payraudœi* (Audouin).

Ce bouvreuil, originaire de la Nubie et de la Syrie, est de passage accidentel dans les îles de l'Archipel et en Provence. On m'assure qu'il se montre également en Sicile; mais je n'ai vu aucun exemplaire provenant de cette dernière localité.

———

Genre BEC-CROISÉ (Temm., Cuv.); *Loxia* (Briss., Temm., Cuv., Swains.); famille des FRINGILLIDÉES, s. f. des PYRRHULINÉES (Swains.).

BEC CROISÉ COMMUN (Temm., manuel t. 1); Bec croisé des pins (T. 3, Vieill., pl. 30, f. 1, mâle; f. 2, tête de la femelle; f. 3, le jeune. Roux, pl. 69, mâle varié; pl. 70, mâle moyen âge; pl. 71, femelle); Bec croisé (Buff., pl. enl. 218, mâle d'un an).

Loxia curvirostra (Linn., Temm., Vieill., Cuv., Naum., pl. 110 les diverses livrées, Lath.); *Loxia pinetorum* (Meyer, Swains., Selby, pl. 53, f. 1); *Curvirostra pinetorum* (Brehm).

Crosicro.

Cet oiseau occasionne de grands dégâts en Bretagne et en Normandie lorsqu'il y passe en grand nombre; car il sait ouvrir et déchiqueter les pommes à cidre pour en manger seulement les pépins dont il est très-friand. Son passage est aussi quelquefois très-abondant en Provence, en Sardaigne et en Lombardie; mais il émigre rarement par bandes dans les parties méridionales de l'Italie et de la Sicile. Néanmoins on en voit de temps à autre quelques sujets aux environs de Palerme, et à la suite d'un violent ouragan, qui éclata en juillet 1838, grand nombre de bec-croisés parurent sur la plage de Messine et s'y laissèrent tuer sans même chercher à fuir les chasseurs.

Cette espèce forme avec les trois autres espèces de becs-croisés et quelques genres, tels que le dur-bec et le psittarin, le petit groupe des gros becs suspenseurs dont M. de la Fresnaye compose sa sous-famille des *Loxianées* dans la famille des *Fringillidées*.

Suivant M. Brehm, et d'après les observations que je dois à l'obligeance de M. Sundevall, directeur du muséum royal de Stockholm, et qui a fait partie de l'expédition scientifique française du nord, cette espèce niche dans les forêts de pins et de sapins les plus sombres et les plus septentrionales ; ce qui est digne de remarque, c'est que la nidification et la ponte ont lieu dans toutes les saisons.

Le bec-croisé niche aussi quelquefois dans les Hautes-Pyrénées, dans le département du Calvados et en Suisse. M. Necker (1er vol. du mém. de la soc. d'hist. nat. de Genève) en a trouvé à la fin de mars un nid contenant 5 petits couverts de plumes d'un vert foncé avec des raies longitudinales noirâtres. Ce nid composé de mousse, d'herbe et de feuilles de sapin était situé sur un sapin, et l'on doit se rappeler que c'est encore sur un sapin qu'a été trouvé, près de Paris, le nid mentionné par Vieillot (Faune franç., p. 62). On en peut donc conclure que le bec-croisé dit des pins, habite indifféremment au moins dans nos contrées les bois de pins et de sapins.

Les jeunes becs-croisés observés par M. Necker, n'avaient pas encore les mandibules croisées et leur bec ressemblait à celui du verdier. La femelle avait le plumage vert tandis que le mâle était rouge.

Autant cette espèce est commune parfois en France, autant le bec-croisé perroquet y est rare quoiqu'on l'ait tué sur les bords du Rhin.

Quant au bec-croisé Leucoptère qui est de passage très-accidentel en Suède, dans le nord de l'Angleterre, en Belgique et en Allemagne je ne connais d'exemple de son apparition en France que la capture qui a été faite dans le département du Calvados en 1855.

Le changement de coloration des diverses livrées du mâle du bec-croisé commun est extraordinaire. Voici au reste les principales livrées que j'ai été à même de réunir dans ma collection.

1° Un sujet jeune, parties inférieures gris blanchâtre, avec des raies longitudinales brun foncé.

2° Gris, tapiré de rouge et de jaunâtre.

3° Rouge tapiré de jaune.

4° Parties inférieures, tête et croupion d'un beau jaune orangé; tué près de Milan.

5° Parties inférieures, tête et croupion d'un jaune citron vif; tué près de Gênes en 1839.

6° Rouge brique pur.

7° Rouge laque uniforme; tué près de Gênes en 1839.

Nota. M. de Selys-Longchamps pense que les becs-croisés Leucoptères tués en Europe forment une espèce différente de celle d'Amérique; cette dernière espèce serait *Loxia leucoptera* (Gmel.) ou *Loxia falcirostra* (Lath.) de l'Amérique du nord, tandis que l'espèce observée en Europe et nommée *Loxia leucoptera* par M. Temminck, serait le *Loxia bifasciata* signalé par MM. Nilsson et Brehm, comme espèce distincte.

———

Genre ÉTOURNEAU (Cuv., Temm.), *STURNUS* (Linn., Temm., Cuv., Swains.); Famille des STURNIDÉES; Sous famille des STURNINÉES (Swains.).

ÉTOURNEAU VULGAIRE (Temm.); Étourneau ou sansonnet (Buff. pl. enl. 75); Étourneau commun (Cuv., Vieill., pl. 52, f. 1, mâle en été; f. 2, femelle, f. 3, tête du jeune).

Sturnus vulgaris (Linn., Temm., Vieill., Cuv., Lath., Naum., Roux, pl. 128, mâle après la première mue); *Sturnus varius* (Meyer).

Storno (Savi).

N. v. s. — *Sturnu.*

C'est dans les journées froides et humides du mois de mars que les étourneaux commencent à effectuer leur passage en Sicile, soit par petites bandes, soit en volées nombreuses.

Ils ne séjournent pas aux environs de Messine, quoiqu'un grand nombre aille habiter l'intérieur de l'île et les côtes de Syracuse.

Les étourneaux affectionnent les plaines humides ou voisines des marais, celles surtout dans lesquelles les bestiaux vont à la pâture. Ils nichent dans des trous d'arbres ou sous les toits de maisons habitées, ainsi que dans les grottes de Taormina et les ruines des environs de Syracuse.

M. Luighi Benoît raconte que l'habitude qu'ont les étourneaux de passer la nuit en se rangeant les uns près des autres sur les branches des arbres, a donné l'idée aux habitans de l'intérieur de la Sicile de leur faire la chasse à l'aide de baguettes enduites de glu et placées horizontalement dans des buissons épais ou parmi des joncs.

Un autre mode de chasse est encore en usage en Sicile et s'applique non-seulement aux étourneaux, mais aussi aux rouges-gorges et à un grand nombre de passereaux. Lorsqu'un vent frais vient à souffler pendant la nuit, les chasseurs armés de torches se rendent dans les lieux où l'on a observé précédemment des étourneaux. La vive clarté que projettent ces torches rend les étourneaux immobiles de telle sorte qu'on peut facilement les assommer à coups de bâton et même les prendre à la main. La même méthode est employée dans la Pouille pour chasser les grives.

ETOURNEAU UNICOLORE (Temm., pl. col. 111); Etourneau noir (Vieill., pl. 53, f. 1).

Sturnus unicolor (de la Marmora, Temm., Vieill., Roux, pl. 128).

Storno nero (Savi).

N. v. s. — *Sturneddu.*

Cette espèce habite les localités montueuses de l'intérieur de la Sicile, et elle est commune à Lentini, à Caltagirone, à Troina, etc. Elle ne quitte jamais les lieux qui l'ont vue naître et se trouve aussi dans les villes ci-dessus en compagnie de l'étourneau vulgaire.

Au point du jour, cet oiseau sort du trou où il a passé la nuit et va se percher sur les clochers ou sur les toits élevés. Il salue le lever du soleil par un sifflement assez agréable, puis se réunissant en bandes, ces étourneaux se répandent dans les campagnes où paissent les bestiaux. On les voit, vers le coucher du soleil, prendre leur vol vers la ville. C'est ordinairement dans les trous des clochers et des vieux édifices que l'étourneau unicolore construit son nid, composé de paille et de petites racines. La ponte est de cinq ou six œufs gris avec des taches vertes.

Cette espèce, que j'ai reçue de Ghelma et d'Oran où elle avait été tuée au mois de décembre, est aussi commune en Algérie que l'espèce ordinaire d'Europe, avec laquelle elle se réunit en bandes nombreuses.

———

Genre CORBEAU (Temm., Cuv.); *Corvus* (Linn., Temm., Cuv., Sw.); Fam. des CORVIDÉES; s. f. des CORVINÉES (Swains.).

CORBEAU (Buff., pl. enl. 495. Cuv.); Corbeau proprement dit (Vieill., Roux, pl. 129).

Corvus corax (Linn., Temm., Cuv., Naum., Vieill., Lath.).

Corvo imperiale (Savi).

N. v. s. — *Corvu.*

Les corbeaux vivent en Sicile quelquefois solitaires et
le plus souvent par couples sur les montagnes d'où ils
ne descendent que pour chercher quelque nourriture. Ils
y nichent dans les trous des rochers ainsi que j'avais
également eu lieu de l'observer, en Suisse, sur le St-
Gothard, aux environs de la vallée d'Ursern, où le corbeau est assez commun.

———

CORNEILLE NOIRE OU CORBINE (Buff., pl. enl. 483.
Temm.); Corbeau corbine (Vieill., Roux, pl. 130);
Corneille (Cuv.).

Corvus corone (Linn., Cuv., Temm., Vieill., Lath.,
Swains., Selby, pl. 28).

Cornacchia nera (Savi).

N. v. s. — *Curnacchia* (Catane).

La corneille noire, qui est si abondante en France,
en Grèce et en Allemagne, est très-rare en Carinthie, en
Carniole et en Italie, et n'existerait même pas en Suède
ni en Norwège, suivant M. Temminck. Mais je dois faire
observer que cette corneille est indiquée comme commune
dans l'île de Gottland, sur le catalogue des oiseaux de cette
île, publié en 1841 par M. Andrée (Mémoires de l'Académie des sciences de Stockholm). Elle ne paraît pas
aussi commune en Sicile, car M. Luighi Benoit ne l'a pas
fait figurer dans son catalogue; toutefois, elle a été observée aux environs de Catane, puisque M. le docteur
Galvagni l'indique dans sa Faune Etnéenne.

———

CORNEILLE MANTELÉE (Buff., pl. enl. 76. Temm., Cuv.);
Corbeau mantelé (Vieill., pl. 53, f. 2).

Corvus cornix (Linn., Temm., Cuv., Lath., Naum., Vieill., Roux, pl. 131); *Cornix cinerea* (Briss.).

Cornacchia bigia (Savi); *Cornacchia mubachia nera.*
N. v. s. — *Cornu jancu* (Messine); *Curvacchiu* (Cupani).

Cette espèce, assez rare aux environs de Messine, est abondante dans le reste de la Sicile. Elle se trouve par couples ou en grandes bandes. Ses mœurs sont semblables à celles du corbeau.

———

FREUX (Temm., manuel, t. 1. Cuv.); Corbeau freux (Temm., t. 3. Vieill., pl. 54, f. 1, adulte; f. 2, tête du jeune); Freux ou frayonne (Buff., pl. enl. 484, un vieux).

Corvus frugilegus (Linn., Temm., Cuv., Vieill., Naum., Roux, pl. 132, f. 1, le jeune; f. 2, tête de l'adulte).

Corvo nero (Savi).

N. v. s. — *Corvu di passa; Corvu di sinteri* (Messine).

C'est la seule espèce des corbeaux de Sicile qui n'y réside pas toute l'année. Le freux y arrive au commencement de l'hiver et repart dans les premiers jours du printemps en bandes nombreuses.

———

CHOUCAS (Buff., pl. enl. 523. Temm., Cuv.); Corbeau choucas (Vieill., pl. 54, f. 3); Petite Corneille des clochers (Cuv.).

Corvus monedula (Linn., Cuv., Temm., Vieill., Naum., Roux, pl. 133).

Teccola.

N. v. s. — *Ciaula.*

Le choucas est très-commun en Sicile et se trouve en

bandes nombreuses, dans les campagnes et dans les villes, sur les grands édifices et les clochers des églises.

———

Genre GARRULE (Temm.); *PIE* (Cuv.); *PICA* (Cuv.); *GARRULUS* (Temm.); Fam. des CORVIDÉES; s. f. des CORVINÉES (Swains.).

Iʳᵉ *DIVISION.* — PIE (Temm.).

PIE (Buff., pl. enl. 488. Temm.); Pie d'Europe (Cuv.); Pie à ventre blanc (Vieill., pl. 55, f. 1. Roux, pl. 134).

Garrulus picus (Temm., manuel, t. 3); *Corvus pica* (Linn., Temm., t. 1. Cuv., Lath., Less.); *Pica albiventris* (Vieill., Roux).

Gazzera (Savi); *Gazzera commune.*

N. v. s. — *Carcarazza.*

Cet oiseau, si commun dans toute l'Europe, de la Laponie en Grèce, ne l'est pas moins en Sicile, dans les plaines et dans les bois. On en élève beaucoup en captivité pour leur apprendre à parler. Les pies que j'ai reçues d'Oran forment une espèce différente de celle d'Europe.

IIᵉ *DIVISION.* — GEAI (Temm.); Fam. des CORVIDÉES; s. f. des Garrulinées (Swains.).

GEAI (Buff., pl. enl. 481. Temm., manuel, t. 1. Less.); Geai glandivore (Temm., t. 3. Vieill., pl. 55, f. 2); Geai d'Europe (Cuv.).

Galurus glandarius (Vieill., Temm., manuel, t. 3. Gmel., Naum., Roux, pl. 135); *Corvus glandarius* (Linn., Lath., Cuv., Meyer, Temm., manuel, t. 1); *Pica glandaria* (Cupani).

Ghiandaja (Savi); *Ghiandaja commune.*

N. v. s. — *Tiruni* (Messine); *Giaju.*

Le geai habite toute l'année en Sicile dans les bois et sur les montagnes. On en élève beaucoup auxquels on apprend à parler et à siffler. Le geai de l'Algérie est une espèce différente de l'espèce commune d'Europe.

———

Genre ROLLIER (Cuv., Temm.); *Coracias* (Linn., Temm., Cuv.).

Rollier d'Europe (Buff., pl. enl. 486. Vieill., pl. 57, f. 2); Rollier vulgaire (Temm.); Rollier commun (Cuv.).

Coracias garrula (Linn., Temm., Lath., Cuv.); *Galgulus garrula* (Briss., Vieill., Roux, pl. 139); *Pica marina* (Cupani).

Ghiandaja marina (Savi).

N. v. s. — *Curragia.*

Ce bel oiseau arrive en Sicile au commencement d'avril et émigre en septembre, vers les parties plus méridionales, pour éviter les rigueurs de l'hiver et la saison des pluies. On voit en été un très-grand nombre de rolliers, surtout dans les localités boisées et montueuses; mais ils sont très-défiants et difficiles à approcher. Sont-ils chassés, ils s'élèvent à une très-grande hauteur et vont toujours se percher sur des arbres isolés ou bien sur la cime de quelque rocher, d'où ils peuvent voir facilement tout ce qui les environne. Ils nichent dans les trous des rochers les plus escarpés et composent leur nid d'herbes sèches. La ponte paraît n'être habituellement que de quatre œufs d'un blanc lustré, car un grand nombre de nids trouvés en Sicile ne contenaient que ce nombre d'œufs.

Le caractère du rollier est sauvage et il est impossible de l'apprivoiser; ceux que l'on a pris au nid et que l'on a tenté d'élever, en leur donnant à la main des chenilles diverses et du pain trempé, sont devenus sauvages dès

18

qu'ils ont pu voler, au point de ne pouvoir plus les approcher sans les épouvanter.

Le rollier a la voix forte et rauque. C'est un oiseau
très-commun en Algérie, au mois d'août, notamment dans
la forêt de Lacalle.

Tribu IV. — TENUIROSTRES (Cuv.); ANISODAC-
TYLES (Temm.).

TENUIROSTRES et partie des *SCANSORES* de Swainson.

Genre SITTELLE (Cuv., Temm.); *SITTA* (Linn., Cuv.,
Temm., Swains.); Tribu III, SCANSORES; Famille des
CERTHIADÉES; s. f. des SITTINÉES (Swains.).

SITELLE TORCHEPOT (Temm.); Sittelle ou torchepot
(Buff., pl. enl. 623, f. 4); Torchepot commun (Cuv.);
Sittelle d'Europe (Vieill., pl. 104, f. 1).

Sitta Europœa (Linn., Vieill., Temm., Cuv., Roux,
pl. 257); *Sitta cœsia* (Meyer).

Muratore (Savi); *Picchio grigio*.

N. v. s. — *Brancicaloru*.

Cette sittelle répandue dans toute l'Europe se trouve
sédentaire dans les forêts de la Sicile, on la voit s'agiter
sans cesse autour des troncs d'arbres pour rechercher
les larves et les insectes qui se trouvent sous l'écorce.

M. Luighi Benoît annonçant que c'est la seule espèce
Européenne, ne connaissait pas évidemment la sittelle
syriaque ou des rochers (*Sitta syriaca*, Ehremb.) que
j'ai été à même d'observer en Dalmatie et la sittelle
soyeuse (*Sitta sericea*, Temm.), décrite par M. Temminck, dans le Manuel d'Ornithologie, t. 4 et représentée
par Gould dans son grand ouvrage, Birds of Europe).

Il serait possible que la sittelle syriaque qui est répandue dans tout le levant, dans toute l'Algérie, en Grèce et en Dalmatie, se trouvât également en Sicile et eût été confondue jusqu'à ce jour avec la sittelle torchepot.

M. de Lamotte annonce en outre que la sittelle à tête noire (*Sitta melanocephala*, Vieill.) que l'on croyait confinée dans l'Amérique septentrionale est de passage dans le nord de l'Europe.

———

Genre GRIMPEREAU (Cuv., Temm.); *CERTHIA* (Linn., Cuv., Temm., Swains.); SCANSORES; Famille des CERTHIADÉES; s. f. des CERTHIANÉES (Swains.).

GRIMPEREAU FAMILIER (Vieill., pl. 104, f. 2, Temm., manuel, t. 3); Grimpereau (Buff., pl. enl. 681, f. 1. Temm., manuel, t. 1); Grimpereau d'Europe (Cuv.).

Certhia familiaris (Linn., Vieill., Temm., Cuv., Less., Lath., Roux, pl. 239).

Rampichino (Savi); *Picchio passerino.*

N. v. s. — *Brancicaloru beccu tortu.*

Cet oiseau est répandu l'été en Sicile, dans toutes les collines boisées et les forêts, où il niche dans des trous d'arbres ou dans des crevasses de rocher. Pendant l'hiver, le grimpereau paraît fréquemment en plaine. Il habite également l'Algérie et ne diffère pas de celui d'Europe.

———

Genre HUPPE (Cuv., Temm.); *UPUPA* (Linn., Cuv., Temm., Swains.); Tribu IV, TENUIROSTRES; Famille des TROCHILIDÉES; s. f. des PROMEROPIDÉES (Swains.).

HUPPE (Buff., pl. enl. 52; Temm., manuel, t. 1; id. Huppe puput, t. 3); Huppe commune (Cuv.); Puput d'Europe (Vieill., pl. 105, f. 1).

Upupa epops (Linn., Temm., Cuv., Lath., Vieill., Roux, pl. 240).

Bubbola (Savi); *Upupa bubbola.*

N. v. s. — *Pipituni.*

Cette espèce originaire de l'Afrique arrive en Sicile au mois de mars et se répand en assez grand nombre dans toutes les campagnes. Dans le mois de mai, la huppe se retire dans les bois où elle établit son nid dans des trous d'arbres.

La huppe est très-commune en Algérie, lors du passage qui s'effectue au mois d'octobre, et elle ne diffère pas de celle d'Europe.

Tribu V. — SYNDACTYLES (Cuv.); ALCYONS (Temm.).

Partie de la Cinquième Tribu des *FISSIROSTRES* (Sw.).

Genre GUÊPIER (Cuv., Temm.); *MEROPS* (Linn., Cuv., Temm., Sw.); Fam. des MEROPIDÉES (Sw.).

GUÊPIER VULGAIRE (Temm.); Guêpier (Buff., pl. enl. 938); Guêpier d'Europe (Vieill., pl. 105, f. 2); Guêpier commun (Cuv.).

Merops apiaster (Linn., Cuv., Temm., Vieill., Lath., Roux, pl. 241).

Gruccione (Savi).

N. v. s. — *Appizza ferru* ou *Pizza ferru*; *Retiquagghiu.*

Le passage des guêpiers commence, du côté de Messine, à la fin d'avril, et on en voit chaque jour grand nombre auxquels on fait une chasse active, jusqu'au milieu du mois de mai.

On assure que cet oiseau niche en Sicile, aux environs de Girgenti (Agrigente) et de Syracuse.

Suivant M. Savi, c'est à l'aide de ses pieds que le guêpier creuse dans le sable un trou assez profond dans lequel il dépose six ou sept œufs d'un blanc lustré et de forme presque sphérique.

A l'automne, les guêpiers ne sont plus aussi abondants dans le nord de la Sicile, et les petites bandes que l'on observe à cette époque de l'année effectuent leur passage à une hauteur considérable.

Le guêpier, commun en Algérie, est de passage dans le midi de la France; tous les trois ou quatre ans, au printemps, on en tue quelques-uns jusque dans les Pyrénées et le département des Landes, et chaque année dans le Languedoc ou la Provence.

———

GUÊPIER SAVIGNY (Vieill., pl. 6 et 6 *bis*. Temm., Audouin, atlas d'Egypte, pl. 4, f. 3. Vieill.).

Merops Savigny (Vieill., Audouin, Temm.); *Merops persicus* (Pallas, pl. 708).

Meropa Egiziano (Bonap.).

Cette jolie espèce, dont j'ai vu dans la collection de M. le marquis Durazzo deux exemplaires, mâle et femelle, tués près Gênes, est aussi de passage très-accidentel en Sicile. J'ai vu une femelle tuée aux environs de Palerme et que l'on avait confondue avec le guêpier ordinaire.

Cette espèce est répandue sur toute la côte barbaresque, en Egypte, au Sénégal et en Perse.

———

Genre MARTIN-PÊCHEUR (Cuv., Temm.); *ALCEDO*

(Linn., Cuv., Temm., Sw.); Fam. des HALCYONIDÉES (Swains.).

MARTIN-PÊCHEUR ALCYON (Temm.); Martin-Pêcheur (Buff., et pl. enl. 77, sous le nom de Baboucard. Vieill., pl. 106, f. 1).

Alcedo ispida (Linn., Temm., Vieill., Cuv., Lath., Roux, pl. 242).

Uccello santa Maria (Savi).

N. v. s. — *Martineddu* (Messine); *Sammartinu* (Catane, Syracuse).

Ce bel oiseau habite toute la Sicile, mais principalement les bords des fleuves, des lacs et des marais de la Sicile, où il trouve une nourriture abondante. On en voit souvent même dans des bourgs populeux, le long des ruisseaux. Le martin-pêcheur est commun en Algérie et ne diffère pas des nôtres. Quelques sujets, très-vieux sans doute, m'ont offert un bec beaucoup plus long et plus effilé.

———

MARTIN-PÊCHEUR PIE (Buff., pl. enl. 62, le jeune. Temm.); Martin-Pêcheur du cap (Buff., pl. enl. 716, vieux mâle).

Alcedo rudis (Linn., Briss., Lath.).

Cette espèce, répandue dans toute l'Afrique, en Egypte et en Syrie, habite aussi l'Espagne, selon M. Degland (Mémoires de la Société royale des sciences de Lille, 1840, p. 279), et se montre très-accidentellement dans les îles de l'Archipel. J'en ai vu un exemplaire qu'on m'a assuré avoir été tué en Sicile.

ORDRE III.

GRIMPEURS (Cuv.); Zygodactyles (Temm.);
Partie des Scansores (Sw.).

———

Genre PIC (Cuv., Temm.); *Picus* (Linn., Cuv.,
Temm.); Fam. des Picidées; s. f. des Picianées (Sw.).

Pic noir (Buff., pl. enl. 596, le vieux mâle. Temm.,
Vieill., pl. 25, f. 2); Grand Pic noir (Cuv.).

Picus martius (Linn., Temm., Cuv., Vieill., Roux,
pl. 56, mâle adulte. Swains.).

Picchio nero (Savi); *Picchio corvo.*

N. v. s. — *Pizzica-ferru niuru.*

Ce pic, qui est abondant dans le nord de l'Europe et
en Suisse, est rare aux environs de Messine. Néanmoins
il se trouve toute l'année dans les forêts de la Sicile,
notamment dans le centre de l'île.

Le pic noir habite, en France, dans les Pyrénées et
dans le Jura, et l'on assure même qu'il niche quelquefois
dans le département du Calvados.

DIVISION. — **MALACOLOPHUS.** Genre Brachylophus (Sw.).

Pic vert (Buff., pl. enl. 371, et pl. 879, le vieux mâle.
Temm., Cuv., Vieill., pl. 24, f. 1, le mâle; f. 2, le jeune;
f. 3, tête de la femelle).

Picus viridis (Linn., Cuv., Vieill., Less., Roux, pl. 57,
f. 1, mâle; f. 2, tête de la femelle; pl. 58, le jeune);
Brachylophus viridis (Sw.).

Picchio verde (Savi).

N. v. s. — *Pizzica ferru virdi.*

Ce pic est commun dans toutes les forêts de l'intérieur de la Sicile. Il est assez rare dans les bois peu éloignés du littoral et notamment aux environs de Messine.

Le pic vert est commun dans les forêts de l'Algérie.

DIVISION PICUS. Genre APTERNUS (Sw).

PIC ÉPEICHE (Temm., Vieill., pl. 26, f. 2, mâle; f. 3, tête du jeune. Roux, pl. 60, mâle, femelle et jeune); Epeiche ou Grand Pic varié (Cuv.); Pic varié ou épeiche (Buff., pl. enl. 196, mâle; pl. 195, femelle).

Picus major (Linn., Temm., Cuv., Vieill., Less.); *Apternus major* (Sw.).

Picco rosso maggiore (Savi); *Picco vario maggiore.*

N. v. s. — *Pizzica ferru* (Messine); *Lingua grossa* (Palerme); *Carpinteri.*

Cette espèce est commune dans les forêts de la Sicile où elle niche dans les trous naturels des arbres, et creuse quelquefois, à l'aide de son puissant bec, les troncs des vieux arbres. Lorsque ces oiseaux sont en captivité, on remarque souvent qu'ils dorment accrochés aux parois de leur cage et dans une position perpendiculaire.

J'ai reçu de l'Algérie un épeiche un peu plus petit que notre *picus major* et ayant sur la poitrine un hausse-col noir, plus large chez le mâle que chez la femelle, et entièrement recouvert de plumes d'un rouge vif dans les deux sexes. Cet épeiche, qui diffère du nôtre sous plusieurs autres rapports, constitue une espèce distincte qui ne me semble pas avoir encore été décrite et que j'ai nommée pic numide (*picus numidus*). On reçoit aussi souvent, de l'Algérie, des pics ayant les parties blanches du plumage d'un brun noirâtre ; mais cette couleur provient de l'habitude qu'ont les pics de grimper le long des chênes lièges, dont l'écorce est charbonnée lorsque, à l'automne, les arabes mettent le feu aux broussailles.

———

PIC MAR (Temm.) ; Pic varié à tête rouge (Buff., pl. enl. 611, le mâle. Vieill., pl. 26, f. 1, Roux, pl. 61, le mâle adulte) ; Moyen épeiche (Cuv.).

Picus medius (Linn., Cuv., Vieill., Less., Temm., Lath.) ; *Apternus medius* (Sw.).

Picchio vario sarto ; Picchio rosso maggiore (Savi).

Cette espèce, qui n'est pas très-rare dans quelques parties de la France, notamment en Lorraine où elle niche, est peu commune en Sicile et y a toujours été sans doute confondue avec le pic épeiche.

———

PIC EPEICHETTE (Temm.) ; Petit épeiche (Buff., pl. enl. 598, f. 1, le mâle ; f. 2, la femelle. Cuv.) ; Petit Pic (Vieill., pl. 27, f. 1, mâle. Roux, pl. 62, le mâle).

Picus minor (Linn., Temm., Vieill., Cuv., Naum., Lath., Less.) ; *Picus varius minor* (Briss., Cupani) ; *Apternus minor* (Sw.).

Picchio piccolo (Savi) ; *Picchio sarto minore.*

N. v. s. — *Pizzica-ferru nicu.*

Ce petit pic est plus rare, en Sicile, que l'épeiche ainsi que cela a lieu dans les diverses parties de l'Europe. Néanmoins il se trouve dans toutes les forêts de cette île ainsi qu'en Algérie.

———

Genre TORCOL (Cuv., Temm.) ; *Yunx* (Linn., Cuv.,

Temm., Swains.); Fam. des Picidées; s. f. des Buccoinées (Swains.).

Torcol (Buff., pl. enl. 698. Less.); Torcol d'Europe (Vieill., pl. 28, f. 1. Roux, pl. 63); Torcol ordinaire (Temm.).

Yunx torquilla (Linn., Temm., Cuv., Swains., Vieill., Less., Lath.); *Linx cinereo-fusco* (Cupani).

Torcicollo (Savi).

· N. v. s. — *Lingua longa di turdi* (Cupani); *Capu tortu* (Palerme); *Mancia furmiculi* (Catane, Syracuse); *Furmicularu* (Messine).

Le torcol paraît en Sicile au commencement d'avril, et l'on dit qu'il quitte l'île aux approches de l'hiver, ce qui paraît néanmoins peu probable. Il vit solitaire dans les forêts où il niche dans les trous d'arbres. Son nom sicilien lui provient de ce qu'il se nourrit de fourmis notamment et de larves d'insectes.

———

Genre COUCOU (Temm.); *Cuculus* (Linn.); Fam. des Cuculidées; s. f. des Cuculinées (Sw.).

Coucou gris (Temm.); Coucou (Buff., pl. enl. 811, le mâle); Coucou cendré (Vieill., pl. 28, f. 2, mâle; f. 3, tête du jeune. Roux, pl. 64, mâle en automne; pl. 65, jeune; pl. 66, jeune d'un an).

Cuculus canorus (Linn., Temm., Cuv., Vieill., Lath.); *Cuculus canorus rufus,* le jeune (Gmel.), *Cuculus hepaticus,* le jeune (Lath.); *Cuculus rufus,* le jeune (Nilss.).

Cuculo (Savi); *Cucule rossicio.*

N. v. s. — *Turturaru; Cucu; Coupparou* (Messine); *Cucca di passa* (Palerme, Catane, Syracuse).

Le passage du coucou s'effectue au printemps, en Si-

cile, et on en voit un assez grand nombre se diriger vers
le nord. Néanmoins, il en reste beaucoup dans l'île qui
vont s'établir dans les localités montueuses et boisées.
M. Luighi Benoit a remarqué que les coucous précèdent les
bandes de tourterelles, et que parmi celles-ci, lors de leur
migration en Sicile, il existe toujours un ou deux coucous
qui semblent leur servir de guide. On voit chaque année
des coucous dans la forêt de Fiumedinisi, près Messine,
dans laquelle ils nichent, ou plutôt dans laquelle la femelle va déposer ses œufs dans les nids de petits oiseaux
auxquels elle en confie l'incubation. Il est certain que le
coucou dépose d'abord ses œufs à terre et les transporte
ensuite successivement, dans sa gorge, dans les nids de
quelque bec-fin ou de quelque alouette. Prévoyant ensuite
que ces derniers oiseaux, préférant leur propre progé-
niture, pourraient bien négliger les jeunes parasites, le
coucou répartit ses cinq ou six œufs dans autant de nids
différents.

Cet oiseau est commun dans l'Algérie. MM. de Lamotte
et de Selys-Lonchamps n'ont jamais trouvé les œufs du
coucou que dans le nid de l'accenteur mouchet ; toutefois,
il est certain qu'en Sicile au moins, le coucou dépose
aussi ses œufs dans les nids d'autres espèces.

M. de Selys annonce aussi, dans la Faune belge, qu'il
a élevé, en captivité, un jeune coucou qui a pris, avant
l'âge d'un an, la livrée définitive du coucou gris, sans
passer par le plumage roux indiqué par M. Temminck.

Fam. des Cuculidées ; s. f. des Coccyzinées (Swains.).

COUCOU GEAI ou TACHETÉ (Temm., pl. col. 414, femelle
adulte) ; Coucou huppé noir et blanc et Grand Coucou
tacheté (Buff., t. 6) ; Coua noir et blanc (Savig., atlas
d'Egypte, t. 1, pl. col. 4) ; Coulicou noir et blanc (Vieill.,

pl. 29. Roux, pl. 67, le mâle moyen-âge, et pl. 68, le jeune).

Cuculus glandarius (Linn., Temm.); *Cuculus glandarius* et *Pisanus* (Linn., Lath., Gmel.); *Cuculus andalusiæ* (Briss.); *Cuculus macrourus* (Br.); *Oxilophos glandarius* (Bonap.); *Coccyzus pisanus* (Savig., Vieill., Roux).

Cuculo col ciuffo (Savi); *Cuculo nero e bianco col ciuffo.*

N. v. s. — *Cucù tupputu.*

Cet oiseau, que j'ai souvent reçu de l'Espagne, se montre accidentellement dans le midi de la France, en Italie et en Sicile, ainsi que l'annonce M. Temminck. Mais je n'ai pas eu l'occasion de l'y observer, quoiqu'on en ait tué plusieurs individus, notamment dans la partie occidentale de la Sicile.

Le coucou geai est assez commun sur la côte barbaresque, notamment à Oran ainsi qu'en Egypte et s'avance même quelquefois en Allemagne.

ORDRE IV.

GALLINACÉS (Cuv.); Gallinacés et Pigeons (T.); Gallinœ (Linn.); Rasores (Swains.).

———

Genre **DINDON** (Cuv., Temm.); *Meleagris* (Linn., Cuv., Temm., Sw.); Fam. des Pavonidées (Swains.).

Dindon sauvage (Temm.); Dindon commun (Cuv., Buff., pl. enl. 97).

Meleagris gallopavo (Linn., Vieill., galer., pl. 201, Sw.).

M. Temminck, dans le quatrième volume de son Manuel d'Ornithologie, annonce, d'après M. Cantraine, que le dindon sauvage a été plusieurs fois observé en Sicile et même tué près du phare de Messine; je dois me hâter d'ajouter que le savant auteur émet, avec raison, des doutes sur l'exactitude des rapports qui avaient été faits à M. Cantraine. Au mois d'octobre 1841, ayant eu l'honneur d'entretenir, à l'université de Gand, ce professeur distingué, il m'a formellement déclaré qu'il y avait eu erreur dans l'énonciation des observations relatives à cette espèce, en tant qu'elle s'appliquait à la Sicile où jamais l'on n'a vu ni tué un dindon *sauvage*. Les renseignements que j'ai pris à Messine, lors de mon récent voyage, doivent faire disparaître cette espèce d'Amérique du catalogue des oiseaux de la Sicile.

M. Cantraine m'a ajouté qu'il lui avait été assuré, par des personnes dignes de foi, que des dindons sauvages avaient été tués en Dalmatie, entre Sebenico et Scardona, mais je dois ajouter qu'il a partagé l'opinion émise par moi à l'égard de l'origine de ces oiseaux, échappés probablement de quelque navire naviguant sur les côtes de Dalmatie, et pris pour des dindons sauvages par quelques dalmates, de bonne foi sans doute, mais fort ineptes en ornithologie.

Genre GANGA (Temm. , Cuv.); *Pterocles* (Temm., Cuv., Swains.) ; Famille des Pavonidées ; s. f. des Tétraonidées (Swains.).

Ganga cata (Temm., Vieill., pl. 115, f. 1 , Roux, pl. 248 , f. 1 , mâle; f. 2 , tête de la femelle; pl. 249, f. 1, jeune de l'année, f. 2 , tête du mâle en mue); Ganga (Buff., pl. enl. 105 et 106); Ganga ou gelinotte des Pyrénées (Cuv.).

Pterocles setarius (Temm.); *OEnas cata* (Vieill., Roux); *Tetrao alchata* (Linn., Lath.); *Tetrao caudacutus* (Gmel.).

N. v. s. — *Pernici pettu russu.*

Selon M. Temminck, le ganga cata serait très-commun en Sicile; mais je puis assurer à l'honorable et savant naturaliste précité qu'il a été induit en erreur à ce sujet. Le ganga cata ne se trouve que sur les plages les moins fréquentées des parties méridionales de la Sicile et encore en très-petit nombre. En Provence et quelquefois dans les Pyrénées, on tue des gangas qui ne sont communs qu'en Espagne.

Ganga unibande (Temm. pl. col. 52).

Pterocles arenarius (Temm., Swains.) ; *Tetrao arenarius* (Pallas, Gmel., Lath.); *Perdrix aragonica* (Lath.).

Ganga (Savi).

N. v. s. — *Pernici pettu cinnirusu* (Luighi Benoît).

Cette espèce que l'on a trouvée dans les Pyrénées et qui est assez commune en Espagne, est rare en Sicile où elle habiterait selon M. Temminck. Je ne l'y ai jamais vue et M. Luighi Benoît n'avait point appris également qu'on l'eut tuée dans l'île. Mais je soupçonne qu'elle habite les mêmes localités que le ganga cata.

Genre PERDRIX (Temm.); *Perdix* (Briss.).

Ire *SECTION* (Temm.). — FRANCOLINS; Fam. des PAVONIDÉES; s. f. des TETRAONIDÉES (Swains.).

FRANCOLIN A COLLIER ROUX (Temm.); Francolin (Buff., pl. eul. 147 et 148); Perdrix francolin (Vieill., pl. 110, f. 2, mâle; pl. 111, f. 1, femelle).

Perdix francolinus (Lath. Temm.); *Tetrao fracolinus* (Gmel.); *Chœtopus* (Swains.); *Francolinus vulgaris* (Briss.).

Francolin o (Savi).

N. v. s. — *Franculinu*

Le francolin que l'on ne trouve en Europe qu'en Sicile et dans l'île de Chypre, habite, dans la première de ces îles, les plaines qui s'étendent entre Caltagirone et Terranova. C'est un gibier exquis et tellement chassé dans toutes les saisons que l'espèce devient de plus en plus rare ainsi que déjà cela a lieu dans l'île de Chypre.

Les francolins vivent solitairement dans les plaines humides ou près d'un ruisseau et au milieu des joncs. Ce n'est qu'au printemps que l'accouplement a lieu. Lorsqu'ils sont chassés, les francolins prennent un assez long vol, mais la pesanteur de leur corps les obligeant bientôt à ne plus quitter le sol, il devient facile, avec de la persévérance, de les prendre en vie, assure M. Luighi

Benoît. Le naturel sauvage de ces oiseaux les rend très-difficiles à apprivoiser lorsqu'ils sont en captivité. Le chant *tre, tre, tre,* que le mâle fait entendre au point du jour et le soir dans le temps des amours, est assez sonore, et un adage vulgaire en Sicile prétend que cet oiseau indique lui-même, par son cri *tre,* sa valeur de *tre* ou trois taris (monnaie sicilienne équivalant à un franc vingt-cinq centimes).

Le francolin niche au pied des bouleaux ou dans des buissons en creusant à terre un petit trou qu'il tapisse de feuilles sèches, de foin et de paille. La ponte, qui jusqu'alors n'avait pas été indiquée par les auteurs, est de dix à quatorze œufs de la grosseur de ceux de la perdrix ordinaire et de couleur blanche avec des taches brunes.

Les jeunes mâles ont déjà acquis à la fin d'octobre la belle livrée des adultes. C'est par erreur que Vieillot annonce, dans la faune française, p. 255, que le francolin se trouve en Corse, en Italie, en Espagne et en Grèce, et qu'il ajoute que cet oiseau se perche souvent sur les arbres pendant le jour et y passe toujours la nuit.

IIme *SECTION.* — PERDRIX proprement dites (Temm.); Famille des PAVONIDÉES; s. f. des TÉTRAONIDÉES (Swains.).

BARTAVELLE (Buff., pl. enl. 231); Perdrix bartavelle (Temm., Vieill.); pl. 109, f. 3; Roux, pl. 259); Bartavelle ou perdrix grecque (Cuv.).

Perdix saxatilis (Meyer, Temm., Vieill., Roux); *Perdix græca* (Briss.).

Pernice maggiore; *Coturnice* (Savi, Bonap.).

N. v. s. — *Pernice.*

C'est l'espèce la plus commune dans toute la Sicile,

soit sur les montagnes entre les rochers escarpés, soit dans les plaines. Elle est tellement abondante, dans quelques parties de l'île, qu'elle se vend à vil prix sur les marchés. Néanmoins l'espèce est toujours aussi nombreuse quoique l'on en détruise beaucoup toute l'année, soit à l'aide d'armes à feu, soit au moyen de filets, surtout à l'époque de l'incubation, grâce à l'inexécution générale en Sicile des réglements relatifs à la chasse.

La Bartavelle s'apprivoise facilement et habite volontiers avec la volaille, soit en cage soit dans les basses-cours.

Elle construit son nid à terre parmi les herbes touffues ou sous des rochers, et le tapisse sans beaucoup de soin, de foin, de paille ou d'objets semblables. La ponte est de dix à vingt œufs blanchâtres avec des taches d'un jaune pâle. La couvée ne s'éloigne guère du lieu qui l'a vue naître et elle y retourne toujours lorsqu'elle a été dispersée par une cause quelconque.

———

PERDRIX ROUGE (Buff. pl. enl. 150, Temm. Vieill. pl. 109, f. 1, adulte; f. 2, tête du jeune; Roux, pl. 257 et 258; Cuv.).

Perdix rubra (Briss. Temm.); *Perdix rufa* (Vieill.); *Tetrao rufus* (Linn.).

Pernice (Savi).

Cette perdrix si commune en Italie, habite également la Sicile; suivant M. le docteur Galvagni, elle se trouve dans la province de Catane et probablement dans d'autres parties de l'île. M. Luighi Benoît paraît n'avoir jamais observé cette espèce, car elle ne figure pas dans son catalogue.

———

PERDRIX GAMBRA (Temm.); Perdrix de roche ou gambra

20

(Buff.); Perdrix rouge de Barbarie (Buff., Cuv.); Perdrix de roche (Vieill., pl. 110 f. 1; Roux, pl. 260).

Perdix petrosa (Lath., Temm., Vieill., Roux); *Perdix rubra barbarica* (Briss.); *Tetrao petrosus* (Gmel.).

Pernice turchesca (Savi).

N. v. s. — *Pernici turnisina.*

Cette belle espèce qui est très-répandue en Espagne, est très-rare en Sicile contrairement à l'opinion émise par M. Temminck, au reste elle est assez rare en Sardaigne et encore plus dans le midi de la France.

M. Temminck, annonce que la variété constante qui habite les côtes de Barbarie est moins grande que les sujets d'Europe; j'ai observé le même résultat contraire sur des sujets provenant des provinces de Bône et d'Oran.

M. Ledoux, officier du génie dans la province de Bône, m'écrit que cette belle perdrix est très-commune en Algérie, et qu'il en a tué un grand nombre au sommet des montagnes de Ledong.

———

PERDRIX GRISE (Buff. pl. enl. 27, la femelle; Temm., Cuv., Vieill., pl. 108, f. 1; Roux, pl. 256).

Perdix cinerea (Lath. Temm., Vieill., Swains. Cuv.); *Tetrao cinereus* (Linn.); *Tetrao perdix* (Gmel.).

Starna (Savi).

Cette perdrix si commune en France paraît n'être que de passage en Sicile ainsi qu'en Egypte et sur les côtes de Barbarie. Elle a été observée aux environs de Catane par M. le docteur Galvagui et figure dans sa faune Etnéenne.

———

IIIᵉ *SECTION* — CAILLES (Temm.); Famille des Pavonidées; s. f. des Tetraonidées (Swains.).

CAILLE (Buff. pl. enl. 170. Temm.); Caille commune (Cuv.); Perdrix caille (Vieill., pl. 111, f. 2, mâle; f. 3, tête de la femelle; Roux, pl. 261).

Perdix coturnix (Lath. Temm., Vieill.), *Tetrao coturnix* (Linn.); *Coturnix major* (Briss.); *Coturnix dactylisonans* (Meyer); *Coturnix Europeus* (Swains., Selby, pl. 62).

Coturnice ; Quaglia (Savi).

N. v. s. — *Quagghia.*

Beaucoup de cailles habitent en Sicile toute l'année et il en arrive un grand nombre de l'Afrique lors du passage de printemps. Aussi leur fait-on une chasse ardente et chacun soupire après l'époque du passage; mais que de fois les projets des chasseurs ont été déçus. Lorsque le vent d'ouest vient à souffler avec quelque constance, ce qui n'arrive toutefois qu'assez rarement à cette époque, le passage s'effectue lentement et heureusemet pour les chasseurs. Beaucoup de cailles nichent dans les prairies humides et assez loin du littoral.

La caille est très-commune en Algérie, notamment en mars et avril.

———

Genre TURNIX (Cuv., Temm., Bonnat); *HEMIPODIUS* (Temm., Cuv.); *ORTYGIS* (Illig., Sw.); Fam. des Pavonidées; s. f. des Tetraonidées (Sw.).

TURNIX TACHYDROME (Temm., Roux, pl. 263 *bis,* le jeune); Turnix à croissants (Temm., manuel, t. 2); Caille de Gibraltar (Sonnini, édit. de Buff.).

Hemipodius tachydromus (Temm., manuel, t. 4, et atlas, pl. lith.); *Ortygis tachydromus* et *Ortygis Gibral-*

tarica (Illig., Swains.); *Hemipodius lunatus* (Temm., manuel, t. 2); *Tetrao andalusicus* et *Gibraltaricus* (Gmel.); *Perdix andalusicus* et *Gibraltarica* (Lath.).

Quaglia tridattila di Andalussia, e di Gibilterra (Savi).

N. v. s. — *Triugne.*

Quoique M. Savi et M. Luighi Benoit fassent deux espèces distinctes du turnix que l'on trouve en Sicile, je persiste à penser que l'on doit considérer le turnix tachydrome et le turnix à croissants, cités par ces naturalistes, d'après M. Temminck (manuel, t. 2, p. 494, 495), comme une seule et même espèce. Je suis heureux aujourd'hui de pouvoir étayer mon opinion de celle qu'a émise M. Temminck, dans le quatrième volume de son manuel, p. 339, 340. Au reste, les nombreux sujets que j'ai été à même d'observer et de comparer m'ont démontré le passage graduel du plumage de la première de ces deux prétendues espèces à la seconde. Je dois penser que M. Luighi Benoit n'a admis ces deux espèces que d'après l'autorité de M. Temminck et sans les avoir distinguées lui-même.

Ce petit oiseau habite les parties méridionales de la Sicile, et c'est avec raison que M. Temminck, revenant sur l'assertion émise dans le t. 2 de son manuel, annonce que le turnix n'émigre point : en effet, les chasseurs du nord, de l'est et de l'ouest de la Sicile n'ont jamais vu cette espèce, qui se trouve dans toutes les saisons au centre et au midi de l'île, dans les environs de Terranova, notamment. Le turnix se blottit au milieu des hautes herbes, et lorsqu'il est chassé ne les quitte que très-difficilement et pour y revenir presque aussitôt, son vol étant très-court et très-bas. Le mois d'octobre est le moment favorable pour la chasse du turnix qui se trouve

dans les localités voisines de celles qu'habite le francolin.

Cet oiseau, connu sous le nom de *triugne*, est devenu
très-rare aux environs de Catane, suivant ce que j'ai
appris dans cette ville.

Le turnix est beaucoup plus commun en Algérie, notamment dans la province d'Oran, où il se tient dans les
lieux arides au pied des palmiers nains. Il n'émigre point,
et c'est surtout au mois de septembre qu'on le chasse
avec le plus de succès. Tous les turnix que vendent les
marchands naturalistes proviennent de l'Algérie, et les sujets que j'ai reçus de cette dernière contrée m'ont paru
plus petits que ceux de Sicile.

———

Genre PIGEON (Cuv.); Ordre 9e, PIGEONS (Temm.);
COLUMBA (Linn., Cuv., Temm., Swains.); Fam. des Co-
LUMBIDÉES; s. f. des COLUMBINÉES (Swains.).

PIGEON RAMIER (Buff., pl. enl. 316. Vieill., pl. 107,
f. 1. Roux, pl. 243); Colombe ramier (Temm., atlas du
manuel); Ramier (Cuv.).

Columba palumbus (Linn., Temm., Vieill., Roux,
Cuv., Lath., Selby, pl. 56, f. 1. Swains.).

Colombaccio (Savi).

N. v. s. — *Fassa* (Messine); *Tuduni* (Palerme, Catane,
Caltagirone, Syracuse).

Le pigeon ramier est très-commun dans les forêts de
la Sicile, où il niche, et au passage d'automne, on en
voit beaucoup arrivant du nord et se dirigeant vers le
midi, après avoir stationné quelque temps dans cette île.
C'est un gibier exquis et fort recherché et qui, pendant
l'été, émigre jusqu'en Suède, en Sibérie et en Russie.

———

PIGEON COLOMBIN ; Colombe colombin (Temm.); Pigeon

sauvage (Vieill., pl. 106, f. 2. Roux, pl. 244); Colombin ou Petit Ramier (Cuv.).

Columba œnas (Linn., Temm., Vieill., Cuv., Lath., Briss.).

Colombella (Savi).

N. v. s. — *Palummu ruccaloru* (Messine); *Palumma sarvaggia.*

Cette espèce est aussi de passage à l'automne, en Sicile, comme ses congénères; mais un grand nombre habite toute l'année les forêts de cette île et y niche. On trouve, chaque année le colombin en Allemagne et en France, et il est notamment de passage habituel dans le département des Landes, où il paraît affectionner le *panicum italicum* (Linn.), et le *panicum miliaceum* (Linn.).

Le colombin est commun dans toute l'Algérie.

———

PIGEON BISET (Vieill.); Colombe biset (Buff., pl. enl. 510. Temm.); Biset ou Pigeon de roche (Cuv.).

Columba livia (Briss., Temm., Vieill., Lath.); *Amalia* (Brehm).

Piccion terrazolo (Savi).

N. v. s. — *Marinedda.*

Cette espèce, rarement à l'état sauvage en Europe, est sédentaire en Sicile, et on en trouve un grand nombre dans les grottes qui existent tout le long du littoral de la Sicile, où il habite près du choucas. On en voit également beaucoup sur les rochers sauvages du centre de l'île, sur les clochers et sur les édifices élevés, vivant en fort bonne intelligence avec les cresserelles.

Le biset est commun dans tout le nord de l'Afrique, en Grèce, aux îles Féroë et en Asie.

———

TOURTERELLE (Buff., pl. enl. 394. Cuv.); Colombe tourterelle (Temm.); Pigeon tourterelle (Vieill., pl. 107, f. 2. Roux, pl. 246).

Columba turtur (Linn., Temm., Vieill., Cuv., Lath.).

Tortora commune.

N. v. s. — *Turtura*.

Cette espèce, si répandue en Europe, arrive en grand nombre en Sicile au mois d'avril, et quelques couples séjournent dans l'île et s'établissent, pour nicher, dans les bois arrosés de ruisseaux limpides.

ORDRE V.

ECHASSIERS (Cuv.);

GRALLES, ordre XIII⁰ (Temm.), moins 1⁰ les genres *Otis* et *Cur-sorius*, ordre XII⁰ des Coureurs (Temm.); 2⁰ le genre *Glareola*, ordre XI⁰ des Alectorides (Temm.); 5⁰ le genre *Fulica*, ordre XIV⁰ des Pinnatipèdes (Temm.);

GRALLATORES (Swains.), moins les genres 1⁰ *Phoenicopterus*, ordre des Natatores (Sw.), correspondant aux Palmipèdes (Cuv.), et 2⁰ *Otis*, ordre des Rasores (Sw.), corespondant aux Gallinacées (Cuv.).

PRESSIROSTRES (Cuv.).

Genre OUTARDE (Cuv., Temm.); *Otis* (Linn., Temm., Cuv., Sw.); Fam. des Struthionidées (Sw.); ordre des Coureurs (Temm.).

Outarde canepetière (Temm., Vieill., pl. 116, f. 1, mâle; f. 2, mâle en été. Roux, pl. 265); La petite Outarde ou Canepetière (Cuv., Buff., pl. enl. 25, vieux mâle; pl. 10, femelle).

Otis tetrax (Linn., Temm., Cuv., Vieill., Lath., Swains.).

Gallina prataiola (Savi).

N. v. s. — *Pitarra.*

Cette espèce, commune en Sardaigne, en Espagne, et que l'on trouve également en Algérie, en Italie et dans le midi de la France, habite les parties méridionales et le centre de la Sicile. On en a tué néanmoins une femelle près de Messine.

Elle se tient de préférence dans les localités découvertes et ensemencées. Extrêmement défiante, la canepetière ne se laisse surprendre que bien rarement par les chasseurs, et ce n'est que dans les fortes chaleurs du mois d'août qu'on en peut tuer quelques-unes, parce que, à cette époque, elle se cache habituellement dans des buissons épais pour éviter la trop grande ardeur du soleil. Elle est très-véloce à la course, en s'aidant de ses ailes, et ne s'envole qu'avec peine. Elle n'émigre point, selon toute apparence, car on la trouve toute l'année en Sicile dans les mêmes localités. On a assuré à M. Luighi Benoit que, dans quelques cantons de la Sicile, cette espèce se réunissait en bandes et paissait au milieu même des troupeaux de bestiaux. Elle se nourrit de grains et, à défaut, d'herbe et d'insectes. La femelle pond à terre trois à cinq œufs d'un vert pâle et lustré, dans un petit trou qu'elle se creuse à l'aide de ses pattes. Ces oiseaux abondent dans les campagnes de Caltagirone, Terranova, Vizzini, assez près de Palerme, etc. La chair de la canepetière a une saveur désagréable qui la rend peu recherchée.

La canepetière se montre quelquefois dans le nord de la France, on en a tué plusieurs à l'automne de 1834, dans le département du Calvados, ainsi qu'en Bretagne à d'autres époques, et M. de Selys la signale comme de passage accidentel dans les bruyères de la Campine et en Brabant. Elle est de passage régulier et périodique dans le département des Landes, au printemps et à l'automne.

Genre OEDICNÈME (Temm., Cuv.); *OEdicnemus* (Temm.); Famille des CHARADRIADÉES (Swains.).

OEDICNÈME CRIARD (Temm.); OEdicnème d'Europe (Vieill., pl. 117, f. 1 ; Roux, pl. 266); OEdicnème ordinaire vulgairement courlis de terre (Cuv.); Grand pluvier ou courlis de terre (Buff., pl. enl. 919).

OEdicnemus crepitans (Temm., Cuv., Swains.); *OEdicnemus Europœus* (Vieill.); *Charadrius œdicnemus* (Linn., Wag.).

Occhione (Savi).

N. v. s. — *Librazzinu* (Catane, Syracuse) ; *Rivirsinu* (Messine); *Ciurro*, *Ciurruviù* (Caltagirone, Palerme, Castrogiovanni).

Cet oiseau se trouve au mois de février près des plages de Messine au milieu des petits buissons et il y est de passage périodique. Mais il habite toute l'année dans quelques parties de la Sicile, affectionnant autant les prairies humides que les plaines arides et sablonneuses. Aussi est-il également commun dans les marais des environs de Catane et dans les lieux stériles du midi et du centre de l'île. Il se tient caché tout le jour dans des buissons et n'en sort qu'après le coucher du soleil. Lorsque la nuit arrive, il fait entendre son cri d'appel. Sa course est rapide et les chiens ne l'approchent que difficilement, car c'est un oiseau timide, défiant et sauvage. Je l'ai reçu de l'Algérie où il a été tué en octobre, près de Ghelma.

Genre PLUVIER (Temm., Cuv.); *Charadrius* (Linn., Cuv., Temm., Swains.); Famille des CHARADRIADÉES (Swains.).

PLUVIER DORÉ (Buff., pl. enl. 904; Temm., Cuv., Vieill., pl. 119, f. 1, en été; Roux, pl. 271 en plumage parfait d'été ; pl. 272, le jeune de l'année) ; Pluvier doré à gorge noire (Buff.)

Charadrius pluvialis (Linn., Temm., Vieill., Cuv.); *Charadrius auratus* (Naum., pl. 173).

Piviere (Savi).

N. v. s. — *Olivedda*, *Marteddu riali* (Messine); *Sbriveri* (Catane, Syracuse); *Vuarottu* (Castrogiovanni).

Ce pluvier répandu dans presque toutes les parties du monde, et qui niche dans les régions tempérées du nord, passe l'hiver en Sicile et sur la côte d'Afrique ; il émigre au printemps et il est très-rare d'en voir en Sicile ayant déjà revêtu la livrée d'été.

PLUVIER ARMÉ (Temm.); Pluvier armé du Sénégal (Briss., Buff., pl. enl. 801); Pluvier à aigrette (Buff., Audouin, atlas d'Egypte, pl. 6, f. 3); Pluvier huppé de Perse (Buff.).

Charadrius spinosus (Linn., Temm., Audouin, Lath.); *Pluvialis senegalensis armata* (Briss.); *Charadrius persicus* (Vieill.).

Ce pluvier qui habite la Turquie d'Asie, la Perse, l'Arabie, l'Egypte, la Barbarie, le Sénégal et la Grèce, a été récemment trouvé en Russie par M. Nordmann. Il se montre aussi accidentellement dans le midi de l'Italie et, selon M. Temminck, un sujet femelle en robe d'été, a été tué au mois d'octobre en Sicile. (Manuel, t. 4, p. 354).

PLUVIER GUIGNARD (Buff., pl. enl. 832, mâle au printemps ; Temm., Vieill., pl. 149, f. 2, en été ; f. 3, tête en hiver ; Roux, pl. 273, livrée d'hiver, pl. 274, livrée d'été); Le Guignard (Cuv.); Pluvier solitaire (Sonnini, édit., Buff.).

Charadrius morinellus (Linn., Cuv., Temm., Vieill., Naum., pl. 174, Lath., Swains.; Selby, pl. 59, f. 1 et 2); *Charadrius asiaticus et tartaricus* (Pallas, Lath.); *Eudromias morinella, montana et stolida* (Brehm).

Piviere tortolino (Savi); *Piviere de corrione*

N. v. s. — *Mateddu* (Messine); *Sbriveri di maisi* (Catane, Syracuse).

Cette espèce abondante en Asie, et qui niche en Europe, en Norvège notamment, est assez répandue l'hiver en Italie, en Sicile et dans le Levant. Elle est rare aux environs de Messine quoique assez commune le long du rivage de Milazzo.

———

GRAND PLUVIER A COLLIER (Temm.); Pluvier à collier (Buff., pl. enl. 920. Cuv.); Pluvier rebaudet (Vieill., pl. 120, f. 1, adulte; f. 2, tête du jeune. Audouin, atlas d'Egypte, pl. 14, f. 1).

Charadrius hiaticula (Linn., Cuv., Temm., Audouin, Vieill., Roux, pl. 275. Lath.); *OEgialitis septentrionalis et hiaticula* (Brehm).

Corriere grosso (Savi).

N. v. s. — *Jadduzzeddu d'acqua* (Messine); *Sbrivi-redau* (Catane, Syracuse); *Occhialuni* (Palerme).

Ce pluvier, répandu partout, est très-commun en Sicile où on le trouve toute l'année, soit le long du littoral, soit le long des fleuves et des torrents. Il niche sur le sable parmi les coquillages et les petites pierres qui couvrent le rivage.

———

PETIT PLUVIER A COLLIER (Buff., pl. enl. 921, le mâle. Temm.); Pluvier gravelote (Vieill., pl. 120, f. 3).

Charadrius minor (Meyer, Temm., Vieill., Roux, pl.

276. Naum., pl. 177); *Charadrius fluviatilis* (Bechst.);
Charadrius curonicus (Lath. , Gmel.); *OEgialitis minor*
(Bonap.).

Corriere piccolo (Savi).

N. v. s. — *Cirrivi* (Messine); *Marinareddu* (Syracuse).

Ce petit pluvier à collier, que l'on trouve plutôt au bord
des fleuves que sur le rivage de la mer, habite également
en Sicile ; mais il y est plus rare que le grand pluvier et
émigre chaque année.

———

PLUVIER A COLLIER INTERROMPU (Temm.); Pluvier à
demi-collier (Vieill., pl. 121, f. 1, adulte ; f. 2, tête du
jeune); Pluvier à poitrine blanche (Vieill., 2e édit. du
nouv. dict. d'hist. nat.).

Charadrius cantianus (Lath., Temm., Vieill., Roux,
pl. 277. Naum., pl. 176, les deux livrées); *Charadrius
albifrons* (Meyer, Wag.); *Charadrius littoralis* (Bechst.).

Fratino (Savi).

Cette espèce, très-abondante en Asie, l'est aussi en
Hollande, en Angleterre et sur les bords de la Méditer-
ranée. Elle est de passage accidentel sur le littoral de la
Sicile et de l'Italie.

———

Genre VANNEAU (Temm.); *VANELLUS* (Briss., Bechst.);
TRINGA (Linn.); Fam. des CHARADRIADÉES (Sw.)

Iʳᵉ *SECTION* (Temm.). — SQUATAROLA (Cuv., Sw.).

VANNEAU PLUVIER (Buff., Temm.); Vanneau gris (Buff.,
pl. enl. 854, jeune); Vanneau suisse (Buff., pl. enl. 853,
robe d'été. Vieill., pl. 122, f. 1, mâle en été ; f. 2, tête
du mâle en hiver. Roux, pl. 279); Vanneau varié (Buff.,
pl. enl. 923, robe d'hiver).

Vanellus melanogaster (Bechst. , Temm.) ; *Vanellus helveticus* (Vicill.) ; *Tringa squatarola* (Gmel., Lath.) ; *Squatarola melanogaster* (Swains.) ; *Tringa helvetica* (Gmel. , Lath.) ; *Squatarola varia* et *helvetica* (Brehm).

Pivieressa (Savi).

N. v. s. — *Olivedda di margi.*

Cette espèce, qui est très-commune l'été dans les régions arctiques, où elle niche, et dans les contrées orientales, est de passage en Sicile. On en tue chaque année quelques individus aux environs de Messine, pendant les mois d'avril ou de mai, mais l'espèce est toutefois assez rare dans l'île.

IIᵉ *SECTION* (Temm.). — VANELLUS (Cuv., Temm., Sw.).

Vanneau huppé (Temm., Vieill., pl. 121, f. 3. Roux, pl. 278) ; Vanneau (Buff. , pl. enl. 242).

Vanellus cristatus (Meyer, Temm. , Vieill. , Swains., Selby, pl. 34) ; *Tringa vanellus* (Linn., Lath.).

Fifa (Savi) ; *Paoncella commune.*

N. v. s. — *Nivarola.*

Le vanneau, si répandu en Europe et en Asie, passe l'hiver en Sicile et se tient dans toutes les localités humides. A l'approche du printemps, on en voit des bandes nombreuses émigrer vers le nord. Cet oiseau, qui arrive en Sicile au commencement de l'hiver, est regardé vulgairement comme un avant-coureur de la neige, et c'est ce qui lui a fait donner, par les Siciliens, le nom de *nivarola.*

———

Genre HUITRIER (Cuv., Temm.) ; *Hœmatopus* (Linn.) ; Fam. des Ardeadées (Swains.).

Huitrier pie (Temm.) ; L'Huiterier (Buff., pl. enl. 929) ;

Huîtrier commun (Vieill., pl. 118, f. 1); Huîtrier ou Pie de mer (Cuv.).

Hœmatopus ostralegus (Linn., Temm., Cuv., Lath., Vieill., Roux, Naum., pl. 181. Swains. Selby, pl. 33, f. 1 et 2).

Beccaccia di mare (Savi).

N. v. s. — *Munaceddu d'acqua.*

L'huîtrier, dont on voit des bandes si nombreuses à l'automne, sur les îles et les rives du Rhin et de l'Escaut, depuis Dusseldorf et Anvers jusqu'à la mer, et qui habite aussi l'été les côtes d'Angleterre et de Hollande ainsi que plusieurs parties de l'Asie, est de passage régulier en Sicile et en Algérie dans le courant du mois de mars. Dès cette époque, tous ceux qu'on y trouve ont déjà la livrée d'été. Cet oiseau, peu commun aux environs de Messine, est aussi de passage accidentel dans le centre de la France, où il s'égare en remontant quelques fleuves et rivières. Ainsi, j'en ai signalé récemment un exemplaire tué à quelques lieues de Metz, et un autre sujet a été tué, dans le département de l'Aube.

———

Genre COURE-VITE (Cuv., Temm.); *Cursorius* (Lacép., Temm.); *Tachydromus* (Illig., Cuv., Sw.); De l'ordre des Coureurs de M. Temminck; Famille des Charadriadées (Swains.).

Coure-Vite Isabelle (Temm.); Coure-Vite d'Europe (Vieill., pl. 112, f. 2. Roux, pl. 269); Court-Vite (Buff., pl. enl. 795).

Cursorius isabellinus (Meyer, Temm., Rüpp.); *Tachydromus isabellinus* (Illig., Swains.); *Tachydromus gallicus* (Vieill.); *Cursorius europœus* (Lath.); *Charadrius gallicus* (Gmel.)

Currione biondo (Savi).

N. v. s. — *Gentilomu.*

L'Abyssinie, la Nubie, l'Egypte, ainsi que diverses autres parties de l'Afrique et de l'Asie, sont la patrie du coure-vite qui habite les plaines stériles peu éloignées du littoral.

Il est de passage accidentel en Europe; j'en ai vu à Metz un exemplaire adulte, pris au filet, près de cette ville, le 1er septembre 1822; et un coure-vite a été tué, il y a peu d'années, près d'Arles. Je possède en outre un individu jeune tué aux environs de Milan; mais on en voit assez rarement en Sicile, quoique beaucoup de chasseurs assurent connaître cette espèce. M. le docteur Scudieri possède un sujet tué aux environs de Messine.

CULTRIROSTRES (Cuv.).

Genre GRUE (Cuv., Temm.); *Grus* (Pallas., Cuv., Temm.); Fam. des ARDEADÉES (Swains.).

GRUE COURONNÉE ou OISEAU ROYAL (Cuv., Lafresn., dict. univ. d'hist. nat., pl. 9, f. 1); Grue des Baléares (Briss., Less.); Oiseau royal (Buff., pl. enl. 265).

Grus pavonina (Licht., Dum.); *Ardea pavonina* (Linn., Gmel., Biss.); *Ardea pavonia* (Linn., Cuv.); *Anthropoïdes pavoninus* (Vieill., gal. des ois., pl. sans numéro, l'adulte, et pl. 257, le jeune); *Grus balearica* (Briss., Less.).

Cet oiseau, commun dans tout le nord de l'Afrique et qui fréquentait souvent les îles Mayorque et Minorque (les îles Baléares) comme l'indique le nom que les anciens lui avaient donné, est de passage très-accidentel sur les côtes méridionales et occidentales de la Sicile.

M. Swainson (*Classification of birds*, t. 2, p. 173) annonce que la grue couronnée n'est point rare dans ces parages, notamment sur la petite île de Lampedosa, près Malte.

———

DEMOISELLE DE NUMIDIE (Cuv.); Grue de Numidie ou demoiselle (Buff. pl. enl. 241); Grue demoiselle (Temm.).

Grus virgo (Briss., Temm., Pallas); *Ardea virgo* (Linn., Vieill., Lath.); *Grus numidica* (Briss.).

On assure que cette espèce, originaire du nord de l'Afrique, paraît accidentellement à Malte et sur les côtes occidentales et méridionales de la Sicile. Quoique cette assertion ne puisse pas étonner, puisque la demoiselle de Numidie visite accidentellement la Dalmatie, les côtes de la Méditerranée et qu'elle a même été tuée dans le Piémont et en Suisse, suivant M. Temminck, je ne l'indique ici que pour la signaler à l'attention des observateurs siciliens.

———

GRUE CENDRÉE (Temm., Vieill., pl. 159, f. 1; Roux, pl. 326); Grue (Buff. pl. enl. 769, vieux mâle); Grue commune (Cuv.).

Grus cinerea (Bechst., Temm., Vieill.); *Ardea grus* (Linn., Lath.).

Grue (Savi).

N. v. s. — *Groi.*

Dans les premiers beaux jours du printemps on voit les grues effectuer leur passage en Sicile et se diriger vers le nord par bandes nombreuses. Elles se tiennent presque toujours à une assez grande élévation et ne séjournent que fort peu de temps dans l'île. On a remarqué qu'elles affectionnaient habituellement les hauteurs qui couronnent la côte de Calabre et notamment le rocher sur lequel est bâti le château de Scylla, vis-à-vis Messine.

La grue est de passage régulier en Algérie.

———

Genre HÉRON (Temm., Cuv.); *ARDEA* (Linn.).

Iʳᵉ *SECTION* (Temm.). — HÉRON proprement dit; Fam. des Ardeadees (Swains.).

HÉRON CENDRÉ (Temm.); Héron huppé (Buff. pl. enl. 755); Héron (Buff., pl. enl. 787, un jeune); Héron commun (Vieill. pl. 135, f. 3; Roux, pl. 311, Cuv.).

Ardea cinerea (Lath., Gmel., Temm., Swains, Selby, pl. 2); *Ardea major* (Vieill.).

Nonna (Savi); *Sgarza cenerino* (mâle); *Sgarza marina* (femelle).

N. v. s. — *Aruni* (Messine); *Jannazzu* (Catane, Syracuse); *Buturnu di gaddazzi* (Palerme).

Ce héron est assez commun dans les marais de Catane où il niche, tandis que dans le nord et dans le centre de la Sicile il n'est que de passage; ainsi, il ne séjourne guère qu'une nuit sur les lacs qui sont à la pointe du phare de Messine, et il se retire souvent pour prendre du repos dans les basses-cours des campagnes situées sur les collines voisines où l'on en tue quelques-uns.

———

HÉRON POURPRÉ (Buff., Temm., Vieill., pl. enl. 136, f. 1; Roux, pl. 312, très-vieux sujet, et 313, jeune de l'année); Héron pourpré huppé (Buff., pl. enl. 788, l'adulte); Grand butor (Buff.).

Ardea purpurea (Linn., Temm., Vieill., Lath., Gould, Naum., pl. 221, jeune et adulte).

Ranocchiaja (Savi); *Sgarza granocchia.*

N. v. s. — *Russeddu.*

C'est dans les mois de mars et avril que l'on voit cette espèce effectuer, en Sicile, son passage par bandes de huit à quinze et même plus. Ce héron pourpré ne séjourne guère qu'une nuit près de Messine, perché sur les arbres situés non loin du rivage, et il se dirige ensuite vers les marais de Catane où il niche l'été sur quelque arbuste, ou dans les roseaux. Pendant l'hiver, on observe encore quelques hérons pourprés dans les marais précités.

Cette espèce est de passage accidentel dans les diverses parties de la France, et quelques sujets ont été tués dans les départements du Morbihan, de la Moselle et des Landes. M. Lesauvage annonce que douze à quinze hérons pourprés ont été tués à l'automne de 1834, dans les environs de Caen.

———

HÉRON AIGRETTE (Temm., Vieill., Roux, pl. 314, un sujet moyen âge); Grande aigrette (Cuv., Buff., pl. enl. 925 et pl. 886, un jeune ou un adulte en mue, sous le nom de Héron blanc).

Ardea egretta (Linn., Temm., Vieill., Lath.); *Egretta alba* (Swains., Bonap.); *Ardea alba* (Linn., Cuv., Lath.).

Airone maggiore (Savi); *Sgarza bianca.*

N. v. s. — *Aroi jancu.*

Notre aigrette d'Europe, qui est répandue en Afrique et jusqu'en Asie, diffère de l'aigrette d'Amérique avec laquelle néanmoins elle a une très-grande ressemblance. C'est un oiseau qui n'est très-commun dans aucune contrée d'Europe, pas même dans les parties orientales et méridionales où on le rencontre plus fréquemment, toutefois on en voit souvent des bandes nombreuses dans l'intérieur de la Sicile, lors du passage de printemps, et en janvier 1836, plusieurs individus furent tués dans les marais de Catane. Ce héron est très-rare aux environs de Messine et l'on ne cite que deux ou trois captures opérées près de cette ville depuis six ou sept ans.

HÉRON AIGRETTOÏDE (Temm.).

Ardea egrettoides (Temm.); *Ardea xanthodactyla* (Raffin.)?

Cette espèce, répandue dans le midi de l'Europe et en Asie, est encore assez rare, et je pense qu'elle a été confondue avec l'aigrette, quoiqu'elle en diffère par sa taille, qui est moindre, et par la couleur du bec et des pattes. C'est à tort que Raffinesque dit que le bec est noir, car les deux tiers du bec sont jaunes, dans l'oiseau vivant, et l'autre tiers seulement ou la pointe est noir; mais, toutefois, le bec paraît entièrement de cette dernière couleur dans les dépouilles sèches.

M. Temminck a annoncé, en 1840, que ce héron, que l'on trouve en Dalmatie et en Turquie, avait été tué plusieurs fois en Sicile et qu'il avait reçu deux exemplaires provenant de cette île. Je ne connais point d'autre capture récente opérée en Sicile.

GARZETTE ; Héron garzette (Temm., Vieill., pl. 136, f. 2. Roux, pl. 315); Aigrette et Garzette blanche (Buff.); Petite Aigrette (Cuv.).

Ardea garzetta (Linn., Lath., Temm., Cuv., Vieill.); *Egretta garzetta* (Bonap., Swains.); *Ardea candidissima, Nivea* (Gmel.).

Airone minore (Savi).

N. v. s. — *Aretta* (Messine); *Garzetta* (Catane, Syraçuse).

La garzette, répandue en Asie, en Afrique et dans le midi de l'Europe, est assez commune en Sicile. On en voit au printemps des passages, nombreux aux environs de Messine, de Syracuse et de Catane; mais c'est surtout aux environs de ces deux dernières localités que la garzette habite pendant une grande partie de l'année. Il est probable qu'elle niche dans les marais de Catane, puisqu'on l'y trouve tout l'été, et ce n'est que vers l'automne qu'elle devient assez rare.

La garzette est de passage accidentel dans le nord de la France.

———

HÉRON AIGRETTE DORÉE (Temm.); Crabier de Coromandel (Buff., pl. enl. 912).

Ardea russata (Temm., Gould).

J'ai vu, à Marseille, une dépouille de ce héron qu'on m'a dit provenir de la Sicile, mais je ne puis rien affirmer quant à cette origine qui, je dois l'avouer, m'a paru suspecte. Néanmoins, ce héron, suivant M. Temminck, se trouve en Dalmatie, en Turquie, et on en a même tué un jeune en Crimée et un vieux en Angleterre. Il se pourrait donc que l'espèce visitât accidentellement la Sicile, et je la signale aux naturalistes qui sont ou seront à même d'explorer cette île.

———

HÉRON VÉRANY (Roux, pl. 316, l'adulte en plumage parfait. Temm.); Héron garde-bœuf (Savig., atlas d'Egypte, pl. 8, f. 1).

Ardea Verany (Roux, Temm.); *Ardea candida minor* (Briss.); *Ardea bubulcus* (Savig., atlas d'Egypte).

Ce héron, qui habite l'Egypte et le Sénégal et qui a

été tué dans le midi de la France, se montre accidentellement en Sicile, où plusieurs exemplaires ont été tués,
suivant M. Temminck.

Je l'ai également reçu de l'Algérie, où plusieurs jeunes
sujets ont été tués au mois de décembre dans la province
de Bône.

IIᵉ *SECTION* (Temm.). — BUTOR; Fam. des Ardeadées (Sw.)

Butor (Buff., pl. enl. 789); Héron grand butor (Temm.);
Butor d'Europe (Cuv.); Héron butor (Vieill., Roux, pl.
519).

Ardea stellaris (Linn., Lath., Temm., Cuv., Vieill.);
Butor stellaris (Swains.).

Tarabuso (Savi); *Sgarza stellare.*

N. v. s. — *Capuni di margi.*

Le butor, répandu dans toute l'Europe, en Afrique et en
Asie, est très-commun toute l'année en Sicile, dans les
marais de Catane, où il niche au milieu des roseaux ou
dans des buissons à proximité des eaux.

Il ne se montre du côté de Palerme et de Messine que
lors du passage de printemps.

———

Crabier; Héron crabier (Temm.); Crabier de Mahon
(Cuv., Buff.); Crabier caiot (Buff., pl. enl. 348, le vieux,
et le jeune sous le nom de Petit Butor); Héron caiot
(Vieill., pl. 137, f. 1. Roux, pl. 320, l'adulte, et pl. 321,
jeune d'un an).

Ardea ralloïdes (Scopoli, Temm.); *Ardea comata*
(Pallas, Linn., Lath., Vieill.); *Egretta comata* (Swains.)·
Buphus ralloïdes (Bonap.).

Sgarza ciuffetto (Savi).

N. v. s. — *Cicugnetta* (Messine); *Russiddottu* (Palerme)
Martineddu (Catane, Syracuse).

Le crabier est répandu en Asie, en Afrique et dans le midi de l'Europe ; il s'égare de temps à autre jusque dans le nord de l'Allemagne, et j'en ai vu plusieurs exemplaires tués, en France, dans la Normandie, dans les Ardennes et en Lorraine. Dans certaines années, le crabier est très-commun en Sicile, même dans le nord, lors du passage de printemps. On en voit toujours du côté de Catane et de Lentini, mais on ne croit pas qu'il niche dans l'île.

———

BLONGIOS (Cuv.); Blongios de Suisse (Buff., pl. enl. 323); Butor brun rayé et le Butor roux (Buff.); Héron blongios (Temm., Vieill., pl. 138, f. 1, adulte; f. 2, tête du jeune. Roux, pl. 322 et 323).

Ardea minuta (Linn., Temm., Vieill., Lath.).

Nonnoto (Savi).

N. v. s. — *Sciorbocchi* (Messine); *Ruseddu di cannutu* (Palerme); *Inganna cacciaturi* (Catane et Syracuse).

Le blongios est commun en Sicile, comme dans tout le midi de l'Europe, et il niche dans les marais de Catane. Il établit son nid sur des arbustes peu élevés, ou parmi des roseaux, au milieu des eaux, et le compose de paille grossière et de joncs desséchés. Toutefois, on ne trouve le blongios du côté de Messine que pendant le mois de mai, époque à laquelle il se tient dans des prairies humides et couvertes de joncs.

Il est de passage dans presque toute la France.

———

Genre BIHOREAU (Cuv.); *Nycticorax* (Temm.); *Nyctiardea* (Swains.); Fam. des ARDEADÉES (Sw.).

BIHOREAU (Buff., pl. enl. 758 et 759, et le jeune sous le nom de Crabier roux, de Pouacre et de Pouacre de

Cayenne); Bihoreau à manteau (Temm., manuel; t. 4, et Bihoreau à manteau noir, t. 2); Bihoreau d'Europe (Cuv.); Héron bihoreau (Vieill,, pl. 137, f. 2, adulte; f. 3, tête du jeune. Roux, pl. 317, l'adulte, et pl. 318, le jeune).

Nycticorax ardeola (Temm., manuel, t. 4); *Ardea nycticorax* (Linn., Vieill., Temm., manuel, t. 2. Lath.); *Nyctiardea europea* (Swains.).

Nitticora (Savi); *Sgarza cenerino ; Sgarza nitticora.*

N. v. s. — *Grassotta* (Messine); *Ingarali* (Catane, Syracuse); *Grassotta imperiali* (Palerme).

Les bihoreaux, que l'on trouve dans toutes les contrées du globe, sont assez communs en Sicile, et on les voit passer dans les mois de mars, avril et mai, par bandes de huit à dix individus. A l'automne, on ne voit guères que des jeunes. Dans certaines années, cette espèce est très-commune aux environs de Messine, et elle a coutume de s'arrêter dans des lieux humides, ou de se percher sur des arbres à proximité de la mer.

———

Genre CIGOGNE (Cuv., Temm.); *Ciconia* (Briss., Cuv., Temm., Swains.); Famille des ARDEADÉES (Swains.).

CIGOGNE BLANCHE (Buff., pl., enl., 866; Cuv., Temm., Vieill., Roux, pl. 324).

Ciconia alba (Bellon, Temm., Vieill., Briss., Bechst., Swains.); *Ardea ciconia* (Linn., Lath.).

Cicogna bianca (Savi).

N. v. s. — *Cicogna.*

La cigogne, pour laquelle on professe une sorte de culte dans plusieurs contrées de l'Europe et dont on aperçoit les nids en France au sommet des édifices de l'Alsace, ne se montre que de passage périodique en Sicile et rarement séjourne-t-elle quelque temps dans cette île.

___

CIGOGNE NOIRE (Buff. pl. enl. 399, Temm., Vieill., pl. 138, f. 5. Cuv., Roux, 525).

Ciconia nigra (Bellon, Temm., Vieill., Bechst.); *Ardea ciconia* (Linn.) ; *Ardea nigra* (Gmel., Lath.) ; *Ciconia fusca* (Briss.).

Cicogna nera (Savi).

N. v. s. — *Cicogna niura.*

Cette espèce, qui habite la Hongrie, la Pologne et la Turquie, est de passage en Suisse, dans toute la France et en Italie où de fréquentes captures ont lieu. On en voit aussi chaque année quelques individus dans les environs de Lentini et dans d'autres parties de la Sicile, quoique l'espèce soit généralement rare dans l'île. On ne cite aux environs de Messine, qu'une capture opérée au mois de février 1834.

___

Genre SPATULE (Cuv., Temm.); *PLATALEA* (Linn., Cuv., Temm., Swains.); Famille des ARDEADÉES (Swains.).

SPATULE BLANCHE (Temm., Vieill., pl. 135, f. 1, adulte; f. 2, tête du jeune. Roux, pl. 310); Spatule (Buff. pl. enl. 405); Spatule blanche huppée (Cuv.).

Platalea leucorodia (Linn., Temm., Cuv., Vieill., Lath., Swains., Selby, pl. 10).

Spatola (Savi).

N. v. s. — *Palitta* (Messine) ; *Modda et Paledda* (Catane, Syracuse).

Quoique la spatule passe l'hiver en Italie et soit alors

23

très-commune sur les côtes et dans les marais de la Sardaigne, elle ne laisse pas que d'être très-rare en Sicile où elle ne se montre qu'accidentellement et ordinairement à l'automne. Toutefois au mois d'avril 1839 on en a tué un individu très-adulte, près du phare de Messine, et quelques autres captures ont eu lieu soit sur le lac de Lentini, soit dans d'autres parties de l'île.

La spatule est assez commune dans quelques parties de la France, notamment en Bretagne selon M. Sganzin, et se montre fréquemment sur les côtes de Normandie.

LONGIROSTRES (Cuv.).

Genre IBIS (Cuv., Temm.); *Ibis* (Lacép., Cuv., Temm., Swains.); Famille des TANTALIDÉES (Swains.).

IBIS FALCINELLE (Temm.); Ibis vert (Cuv., Vieill., pl. 134, f. 3. Roux, pl. 309); *Courlis vert et courlis d'Italie* (Buff., pl. enl. 819); *Courlis marron et courlis vert* (Briss.); Ibis noir (Savig.); Courlis brillant (Sonnini, édit. de Buff.).

Ibis falcinellus (Temm.); *Ibis viridis* (Vieill.); *Scolopax falcinellus*, *tantalus viridis*, *numenius viridis et tantalus igneus* (Linn., Gmel., Lath.).

Mignattaio (Savi).

N. v. s. — *Gaddaranu.*

Les ibis se montrent en Sicile, lors du double passage, c'est-à-dire au mois de mars ou avril et en octobre, époque à laquelle ils sont plus rares. Dans certaines années, ils arrivent par bandes nombreuses au printemps, tandis qu'on n'en voit qu'un petit nombre dans d'autres années. L'ibis se trouve assez souvent en Italie et j'en ai vu dans les légations romaines de jeunes sujets de l'année, ayant le plumage d'un gris noirâtre varié de blanc.

Cet oiseau répandu en Asie, que l'on trouve assez fréquemment dans les parties méridionales et orientales de l'Europe, s'égare quelquefois jusque dans le nord : ainsi, non-seulement on en a tué dans la Lorraine et la Normandie, mais M. Temminck cite des captures opérées dans le Holstein, en Hollande et même en Islande.

———

Genre COURLIS (Temm.); *Numenius* (Briss. Cuv., Temm., Swains.); Famille des SCOLOPACIDÉES (Swains.).

COURLIS (Buff. pl. enl. 818); Courlis d'Europe (Cuv.); Courlis cendré (Temm., manuel, t. 4, et grand courlis cendré, t. 2); Courlis commun (Vieill., pl. 172, f. 2. Roux, pl. 306).

Numenius arquatus (Temm., Vieill.); *Numenius arquata* (Lath., Temm., manuel, t. 2, Swains; Selby, pl. 13); *Scolopax arquata* (Linn.).

Chiurlo maggiore (Savi).

N. v. s. — *Turriazzu.*

Le courlis répandu dans toute l'Europe, l'Asie et l'A-frique, est commun en Sicile où il arrive à l'automne pour y passer tout l'hiver. Ce n'est qu'au mois d'avril, lorsqu'il émigre vers le nord, qu'il devient assez commun aux environs de Messine quoiqu'il abonde tout l'hiver dans la province limitrophe de Catane, dans les prairies humides, près des lacs ou des fleuves. On ne le voit jamais qu'isolé ou par petites bandes de 4 ou 5 individus au plus.

———

Corlieu (Buff., pl. enl. 842, ou Petit Courlis); Courlis Corlieu (Temm., Vieill., pl. 134, f. 2. Roux, pl. 307); Corlieu d'Europe (Cuv.).

Numenius phæopus (Lath., Temm., Vieill., Swains., Selby, pl. 14); *Scolopax phæopus* (Linn.).

Chiurlo piccolo (Savi).

N. v. s. — *Turriazzolu di jaddazzi.*

Cette espèce, qui est plus rare que le courlis cendré en Sicile comme dans les autres parties de l'Europe où l'on trouve les deux espèces, arrive à l'automne et quitte l'île au mois d'avril.

M. Temminck annonce que le corlieu est aussi commun que le courlis cendré, au Japon et dans toute l'Inde.

———

Courlis a bec grèle (Temm., Roux, pl. 308).

Numenius tenuirostris (Vieill., dict. d'hist. nat. Temm., Roux, Gould, Bonap.).

Chiurlottello (Savi); *Ticchione terrasolo.*

N. v. s. — *Turriazzolu.*

Cette espèce, originaire d'Egypte, avait long-temps été confondue avec le corlieu, et depuis que les observations ont été plus exactes et les observateurs plus multipliés, on a reconnu, en Sicile, que ce courlis est le plus commun des trois espèces qui fréquentent l'île. On en voit beaucoup au printemps du côté de Messine et de Palerme, et il est répandu tout l'hiver dans les diverses parties de la Sicile, notamment aux environs de Catane et de Syracuse. Ce courlis est de passage, non-seulement en Italie, en Dalmatie, en Grèce, mais aussi dans tout le midi de la France, car j'en ai vu à Montpellier, à Nismes et à Marseille des sujets provenant de ces localités, et M. Temminck cite une capture opérée sur la Saône.

Genre BÉCASSE (Cuv., Temm.); *Scolopax* (Illig., Cuv., Temm., Sw.).

Iʳᵉ *SECTION.* — BÉCASSE proprement dite (Temm.); Fam. des SCOLOPACIDÉES (Swains.).

BÉCASSE (Buff., pl. enl. 885. Cuv.); Bécasse ordinaire (Temm.); Bécasse commune (Vieill.).

Scolopax rusticola (Linn., Temm., Roux, pl. 299); *Rusticola vulgaris* (Vieill., Lafresn., Savi).

Beccacia (Savi).

N. v. s. — *Jaddazzu.*

Cet oiseau, qui affectionne les climats froids, se trouve néanmoins dans le midi de l'Italie et en Sicile, où il est de passage régulier. C'est avec les premiers froids qu'on le voit arriver dans cette île, et alors il habite les parties humides des sommités boisées qu'il ne quitte, pour descendre en plaine, que lorsque la neige vient à tomber.

La bécasse recherche la solitude et se tient tout le jour cachée dans d'épais buissons, d'où elle ne sort le soir qu'au crépuscule pour aller chercher sa nourriture dans les champs et les prairies humides des diverses parties de l'île.

Quelques couples de bécasses nichent, chaque année, dans les forêts des diverses parties de la France, comme dans le Dauphiné, la Champagne et les Ardennes; quelquefois aussi dans la Lorraine.

IIᵉ *SECTION.* — BÉCASSINE (Temm.).

BÉCASSINE DOUBLE (Temm., manuel, t. 1. Vieill., pl. 152, f. 2. Roux, pl. 500); Double bécassine (Cuv., Buff.); Grande ou Double Bécassine (Temm., manuel, t. 2).

Scolopax major (Linn., Lath., Temm., Cuv., Naum.,

pl. 208. Swains., Selby, pl. 23, f. 2); *Scolopax media*
(Vieill.); *Gallinago major* (Bonap.).

Croccolone (Savi); *Beccaccino maggiore.*

N. v. s. — *Arciruttuni di becca-ficu.*

Cette bécassine, qui niche dans les contrées du nord
de l'Europe et qui ne se montre qu'en très-petit nombre
en France, est commune en Sicile, près de Syracuse, de
Lentini et de Catane, ainsi que dans toutes les plaines
marécageuses. Elle est rare aux environs de Messine et
de Palerme.

———

BÉCASSINE ORDINAIRE (Temm.); Bécassine (Buff., pl. enl.
883. Cuv.); Bécassine commune (Vieill., Roux, pl. 301).

Scolopax gallinago (Linn., Temm., Cuv., Lath.,
Vieill., Naum., pl. 209. Gould); *Gallinago scolopa-
cinus* (Bonap.).

Beccaccino reale (Savi).

N. v. s. — *Beccaccinu riali* (Messine); *Arcirittuni*
(Palerme).

Cette bécassine arrive en Sicile lors des premières pluies
d'automne et se tient en grand nombre dans les herbages
et les buissons qui bordent les fleuves et les lacs; puis
émigre au printemps vers les contrées septentrionales.

On ne la trouve aux environs de Messine et de Palerme
qu'aux époques du double passage, quoiqu'elle soit très-
commune, depuis le mois de septembre jusqu'en avril,
aux environs de Catane, de Lentini, de Syracuse, etc.

———

BÉCASSINE SOURDE (Temm., Vieill., pl. 132, f. 1. Roux,
pl. 302); Petite Bécassine ou Sourde (Cuv., Buff., pl.
enl. 884).

Scolopax gallinula (Linn., Lath., Temm., Vieill., Cuv., Naum., pl. 216); *Gallinago gallinula* (Bonap.)

Frullino (Savi); *Beccaccino minore.*

N. v. s. — *Beccacinu di li picciuli.*

Cette bécassine arrive en Sicile et en repart avec la bécassine ordinaire. Ce n'est qu'au passage du printemps qu'on la trouve aux environs de Messine, quoiqu'elle soit commune tout l'hiver du côté de Catane, de Lentini et de Syracuse.

———

Genre BARGE (Cuv., Temm.); *LIMOSA* (Bechst., Cuv., Temm., Swains.); Fam. des SCOLOPACIDÉES (Sw.).

BARGE A QUEUE NOIRE (Temm.); Barge ou Barge commune (Buff., pl. enl. 874); Grande Barge rousse, robe d'été (Buff., pl. enl. 916).

Limosa melanura (Temm., Leisler, Swains., Bechst.); *Scolopax limosa* (Linn.).

Pantana pittima.

L'apparition de cette espèce, en Sicile, paraît fort rare, et l'on n'en peut citer qu'un exemple : néanmoins, je soupçonne qu'elle se trouve, à l'époque du passage, sur le lac de Lentini et aux environs de Syracuse.

——

Genre SANDERLING (Temm., Cuv.); *CALIDRIS* (Illig., Temm.); *ARENARIA* (Bechst., Cuv.); *TRINGA* (Linn.); Fam. des SCOLOPACIDÉES (Swains.).

SANDERLING (Buff.); Sanderling variable (Temm.); Sanderling rougeâtre (Vieill., pl. 118, f. 2, en été ; f. 3, tête en hiver. Roux, pl. 270, robe de noces); Sanderling courvilette (Vieill., galerie des ois., pl. 234, robe d'été).

Calidris arenaria (Illig., Temm.); *Calidris rubidus*

(Vieill.); *Charadrius calidris* (Gmel., Wilson); *Tringa arenaria* (Swains., Linn.).

Calidra (Savi).

N. v. s. — *Beccaccinu tri-ungni.*

Cette espèce, très-répandue en Europe et en Asie et qui paraît nicher dans les régions arctiques de l'Europe et de l'Amérique, est de passage irrégulier en Sicile. Dans certaines années, notamment au mois d'avril 1836, des bandes nombreuses de sanderlings arrivent en Sicile, et ils s'y montrent toujours dans la livrée des noces.

———

Genre BÉCASSEAU (Temm.); *TRINGA* (Briss., Temm.); *MAUBÈCHES* et *ALOUETTE DE MER* (Cuv.); *CALIDRIS*; *PE-LIDNA* (Cuv.); Fam. des SCOLOPACIDÉES (Sw.).

BÉCASSEAU COCORLI (Temm., Vieill., pl. 125, f. 1, en été; f. 2, tête en hiver. Roux, pl. 285, en été; pl. 286, en hiver); Alouette de mer (Buff., pl. enl. 851).

Tringa subarcuata (Temm., Vieill.); *Scolopax subarcuata* et *africana* (Gmel.); *Numenius pygmœus* et *subarquata* (Bechst.).

Piovanello pancia rossa (Savi).

N. v. s. — *Papiola beccu tortu.*

Ce bécasseau, répandu dans toutes les parties du monde, se trouve en Sicile dans toutes les livrées et y est plus commun que le bécasseau variable. Cette espèce abonde en Sardaigne depuis le mois d'octobre jusqu'à la fin d'avril.

———

BÉCASSEAU VARIABLE (Temm., manuel, t. 4, et Bécasseau brunette ou variable, t. 2); Tringa à collier (Vieill., pl. 125, f. 3. Roux, pl. 287 et 288); Alouette de mer ou

Petite Maubèche (Cuv.); La Brunette (Buff.); Le Cincle (Buff., pl. enl. 852); Cincle à collier roux; Alouette de mer et Cincle (Sonnini, édit. de Buff.).

Tringa variabilis (Meyer, Temm.); *Tringa cuclus* (Vieill.); *Tringa cinclus* et *alpina* (Linn., Lath.); *Numenius variabilis* (Bechst.); *Pelidna cinclus* (Cuv.).

Piovanello pancia-nera (Savi).

N. v. s. — *Papioledda* (Messine); *Papiola* (Catane, Syracuse); *Spiriticchiu* (Palerme).

Cette espèce, répandue dans toute l'Europe et jusqu'en Asie, n'est pas aussi commune en Sicile qu'en Italie. Elle est même assez rare aux environs de Messine. On trouve, en Sicile, des sujets en livrée d'hiver et en robe de noces.

———

BÉCASSEAU PLATYRHINQUE (Temm.); Tringa éloriode (Vieill., pl. 126, f. 1); Le plus petit des Courlis (Sonnini, édit. de Buff.).

Tringa platyrhincha (Temm.); *Tringa eloriodes* (Vieill.); *Numenius pygmeus* (Naum., pl. 207, Meyer, Lath.).

Gambecchio frullino (Savi).

Cette espèce, répandue sur presque toute la surface du globe, a souvent été confondue avec le bécasseau variable en plumage d'hiver, et comme elle se montre sur la côte de Calabre, je suis très-porté à croire qu'elle paraît, accidentellement au moins, en Sicile. Néanmoins, je ne connais aucun exemple de capture de ce bécasseau dans cette île.

———

BÉCASSEAU ÉCHASSES (Temm.); Tringa minulle (Vieill., pl. 126, f. 2. Roux, mais non la pl. 289).

24

Tringa minuta (Leisler, Temm., Naum., pl. 184. Gould); *Tringa pusilla* (Vieill., Roux, Linn.).

Gambecchio (Savi); *Culetto.*

N. v. s. — *Lodona di mari.*

Ce bécasseau, très-commun en Dalmatie, sur les lacs de la Suisse ainsi qu'en Asie, se trouve en grand nombre en Sicile lors du passage de printemps, c'est-à-dire au mois d'avril et de mai. On l'y voit dans les diverses livrées.

———

BÉCASSEAU MAUBÈCHE (Temm., manuel, t. 4, et Bécasseau canut ou maubèche (Temm., t. 2); Maubèche grise (Buff., pl. enl. 366; Canut; Maubèche tachetée, pl. enl. 365); Maubèche (Buff., Cuv., Briss., pl. 20, f. 1, et pl. 21, f. 1 et 2); Tringa maubèche (Vieill., pl. 123, f. 2, en été; f. 3, tête en hiver. Roux, pl. 282, livrée de noces, et pl. 283, le jeune).

Tringa cinerea (Linn., Lath., Temm., Schintz); *Tringa ferruginea* (Meyer, Vieill.); *Calidris canutus* (Gould); *Tringa canutus* (Selby, pl. 27, f. 1 et 3. Swains.).

Piovanello maggiore (Savi).

Cette espèce n'est que de passage accidentel dans les parties méridionales de l'Italie et de la Sicile. Elle n'a jamais été observée dans le nord de cette dernière contrée.

———

Genre COMBATTANT (Cuv., Temm.); *MACHETES* (Cuv., Temm., Sw.); Famille des SCOLOPACIDÉES (Sw.).

COMBATTANT (Buff., pl. enl. 305 et 306; pl. 300, un jeune, sous le nom de Chevalier varié; pl. 844, la femelle sous le nom de Chevalier commun); Combattant variable (Temm., manuel, t. 4, et Bécasseau combattant, t. 2);

Tringa combattant (Vieill., pl. 127, f. 1, mâle en été; f. 2, femelle); Paon de mer (Buff., t. 7).

Machetes pugnax (Cuv., Temm., Swains., Selby, pl. 25); *Tringa pugnax* (Linn., Vieill., Roux, pl. 290, mâles en livrée de noces; 291 femelle, 292 mâle au commencement du printemps, Lath.).

Gambetta (Savi); *Gambetta scherzosa*, *Combattente*.

'N. v. s. — *Gambini* (Messine); *Pirucchiusa* (Catane, Syracuse).

Le combattant qui est si abondant en Hollande et en Angleterre à l'époque où le mâle est revêtu de sa parure originale d'été, ne se trouve dans le midi de l'Europe qu'en hiver. Ce n'est que pendant les mois de février et de mars qu'il demeure en Sicile pour émigrer bientôt vers des contrées plus septentrionales. Dans l'est et le nord de la France, dans les Ardennes notamment, où le combattant est assez commun à la fin de l'hiver, on obtient souvent des mâles en mue de printemps et très-rarement dans leur livrée complète.

———

Genre TOURNE-PIERRE (Cuv., Temm.); STREPSILAS (Illig., Temm., Cuv., Swains.); Famille des SCOLOPA-CIDÉES (Swains.).

TOURNE-PIERRE (Buff., et pl. enl. 856, 340 et 857, sous les noms de Coulond-Chaud, Coulond-Chaud gris et de Cayenne; Vieill., pl. 122, f. 3, en été; pl. 123, f. 1, en hiver. Roux, pl. 280 et 281); Tourne-pierre à collier (Temm.).

Strepsilas interpres (Illig., Swains., Selby, pl. 33, f. 1, 2 et 3); *Strepsilas collaris* (Temm.); *Arenaria interpres* (Vieill.); *Tringa interpres* (Linn., Lath., Wilson.); *Morinella collaris* (Meyer).

Voltapietre (Savi).

N. v. s. — *Papunceddu.*

Le tourne-pierre, répandu dans les diverses parties du monde et très-commun dans le nord de l'Europe et de l'Amérique, est de passage régulier en Sicile au mois d'avril et de mai. Quoique cet oiseau ne se montre jamais qu'en petit nombre dans cette île, on en tue chaque année quelques sujets aux environs de Messine.

———

Genre CHEVALIER (Temm. Cuv.); *Totanus* (Bechst., Temm., Cuv., Sw.); Famille des SCOLOPACIDÉES (Sw.).

Iʳᵉ *SECTION.* — CHEVALIERS proprement dits (Temm.).

CHEVALIER ARLEQUIN (Temm.); Chevalier noir (Cuv.); Chevalier brun (Vieill., pl. 128, f. 1, en été; f. 2, tête en hiver. Roux, pl. 293); Barge brune (Buff. pl. enl. 875); Chevalier de Courlande (Sonnini, Buff.).

Totanus fuscus (Leisler, Temm., Vieill., Bechst., Gould, Selby, pl. 15, f. 1 et 2; Swains., Meyer); *Scolopax fusca, tringa fusca, scolopax tatanus, tringa atra* (Linn., Gmel., Lath.).

Chio-chio (Savi).

N. v. s. — *Papiola.*

Un grand nombre de chevaliers arlequins passe en Sicile à l'époque du printemps, néanmoins il est fort rare d'en trouver qui aient déjà revêtu la livrée complète d'été. Cet oiseau qui va nicher dans les contrées septentrionales ne séjourne que peu de temps en Sicile. J'en ai obtenu plusieurs sujets tués en Suisse dans leur robe d'été.

———

CHEVALIER GAMBETTE (Temm., Vieill., pl. 129, f. 1, en été; f. 2, tête, en hiver. Roux, pl. 294); Chevalier

aux pieds rouges ou gambette (Buff., pl. enl. 845, Cuv.);
Chevalier rayé (Buff., pl., enl., 827, jeune à l'automne).

Totanus calidris (Bechst., Temm., Vieill., Gould);
*Tringa gambetta, tringa striata, scolopax calidris,
tringa gambetta* (Linn., Gmel., Lath.).

Pettegola (Savi); *Gambetta.*

N. v. s. — *Papiola impiriali.*

Cette espèce répandue en Europe, en Asie et en
Afrique n'est guère plus commune en Sicile que le chevalier arlequin. Elle commence à effectuer son passage
dans l'île en mars ou en avril et il est également fort
rare de la tuer en livrée de noces. Elle niche au nord
de l'Italie, en France, en Allemagne et dans plusieurs
autres contrées.

CHEVALIER STAGNATILE (Temm.); Chevalier des étangs
(Vieill., pl. 129, f. 3; Roux, pl. 295, le mâle en plumage
des noces); Chevalier à longs pieds (Bonelli, Cuv.); Petit
chevalier aux pieds verts (Cuv., édit. de 1817); Barge
grise (Buff., pl. enl. 876).

Totanus stagnatilis (Bechst., Temm., Leisler, Vieill.,
Roux, Cuv., Naum., pl. 202, Gould); *Scolopax totanus*
(Linn.).

Pirro-Pirro gambe lunghe (Savi); *Albastrella cenerina.*

N. v. s. — *Beccaccinu jammi longhi.*

Le chevalier stagnatile qui habite les parties orientales de l'Europe est rare en Sicile, toutefois chaque
année, au mois d'avril, on en voit quelques individus
qui fréquentent les lacs du Phare de Messine.

CHEVALIER CUL-BLANC (Temm.); Chevalier bécasseau

(Vieill., pl. 130, f. 2); Bécasseau ou Cul-Blanc de rivière (Cuv.); Bécasseau ou Cul-Blanc (Buff., pl. enl. 843, un jeune).

Totanus ochropus (Temm., Vieill., Roux, pl. 296, un jeune de l'année. Gould, Selby); *Tringa ochropus* (Linn., Lath., Briss.).

Pirro-Pirro cul bianco (Savi).

N. v. s. — *Stagnotta* (Catane, Syracuse); *Gadazzu di li grossi* (Palerme).

Cette espèce, répandue dans presque toute l'Europe, est aussi très-commune en Sicile aux deux époques du passage, principalement au mois d'avril. Un grand nombre séjourne l'été en Sicile et y niche sur les plages ou dans les herbages des marais.

———

CHEVALIER SYLVAIN (Temm.); Chevalier des bois (Vieill., pl. 130, f. 1); Bécasseau des bois (Cuv.).

ꞌ*Totanus glareola* (Temm.); *Totanus glareolus* (Vieill., Roux, pl. 297); *Totanus affinis* (Horsf.); *Tringa gla-reola* (Linn., Lath.).

Pirro-Pirro boschereccio (Savi).

N. v. s. — *Beccaccinu di fiumara.*

Ce chevalier, qui niche dans les contrées tempérées et surtout dans les régions septentrionales de l'Europe et que l'on trouve aussi en Asie, est de passage en Sicile pendant les mois de mars et d'avril. On le voit alors en grand nombre dans les prairies humides, où il ne séjourne néanmoins que peu de jours, pour émigrer ensuite vers le nord sans qu'il en reste un seul individu dans l'île.

———

CHEVALIER GUIGNETTE (Temm., Vieill., pl. 131, f. 1. Roux, pl. 297, livrée de printemps); Guignette (Cuv.,

Buff.); Petite Alouette de mer (Buff., pl. enl. 850, en robe d'été).

Totanus hypoleucos (Temm., Vieill., Gould, Naum., pl. 194); *Tringa hypoleucos* (Linn., Lath.); *Actitis hypoleucos* (Boié).

Pirro-Pirro piccolo (Savi); *Piovanello.*

N. v. s. — *Quagghia di mari* (Messine); *Gaddazzu di li picciuli* (Palerme).

Cet oiseau habite la Sicile, été comme hiver; toutefois, il y est plus commun dans cette dernière saison; on le voit ordinairement, par bandes de huit à dix, au bord des lacs et des fleuves.

Au printemps, il quitte les localités habitées pour se retirer au milieu des montagnes et près de quelque torrent sur les bords duquel il dépose, au milieu d'herbages, quatre ou cinq œufs blanchâtres avec des taches brunes et cendrées.

IIe *SECTION.* — CHEVALIER A BEC RETROUSSÉ (Temm.).

CHEVALIER ABOYEUR (Temm.); Barge variée et Barge aboyeuse (Buff.); Chevalier aux pieds verts (Vieill., pl. 128, f. 3. Cuv., Roux, pl. 298).

Totanus glottis (Bechst., Temm., Vieill., Cuv., Sw., Leisler); *Scolopax glottis* (Linn.); *Glottis chloropus* (Nils.), *Totanus fistulans, griseus* (Bechst.).

Pantana.

N. v. s. — *Gammina riali.*

Cette espèce, qui est de passage en France et assez commune dans la Nord-Hollande, arrive en Sicile à la même époque que le combattant. C'est un oiseau qui ne voyage qu'isolément, aussi est-il plus rare que l'espèce précitée. Ce chevalier niche dans les régions arctiques et il est de passage en Algérie.

———

Genre ÉCHASSE (Cuv., Temm.); *HIMANTOPUS* (Briss., Cuv., Temm., Sw.); Fam. des Scolopacidées (Swains.).

Échasse a manteau noir (Temm.); Échasse à cou blanc (Vieill., pl. 117, f. 2. Roux, pl. 267); L'Échasse (Buff., pl. enl. 878, mâle).

Himantopus melanopterus (Meyer, Temm., Swains); *Himantopus albicollis* (Vieill.); *Charadrius himantopus* (Linn., Lath.); *Himantopus rufipes* (Bechst.); *Himantopus longipes* (Brehm); *hyperbates himantopus* (Naum., pl. 203).

Cavaliere d'Italia (Savi).

N. v. s. — *Aceddu cavaleri* (Messine); *Pedi longhi* (Catane, Syracuse); *Francisottu* (Terranova).

Cette espèce, répandue dans presque toutes les parties du monde et qui niche, en Europe, dans l'île de Sardaigne et en Hongrie, est de passage périodique en Sicile. C'est au mois de mars, lorsque le vent souffle avec force et pendant les mauvais temps, que les échasses effectuent leur passage sur la plage de Messine. Elles s'arrêtent sur les petits lacs qui existent derrière le lazaret ou sur ceux situés à la pointe du phare, mais pendant quelques heures seulement et par petites bandes de cinq ou six individus. L'échasse est aussi de passage accidentel dans les diverses provinces de la France.

———

Genre AVOCETTE (Cuv., Temm.); *RECURVIROSTRA* (Linn., Cuv., Temm., Sw.); Fam. des Scolopacidées (Swains.).

Avocette a nuque noire (Temm.); Avocette (Buff.,

pl. enl. 353); Avocette à tête noire (Vieill., pl. 112, f. 1. Roux, pl. 338).

Recurvirostra avocetta (Linn., Lath., Cuv., Temm., Vieill., Naum., pl. 204. Gould, Swains., Selby, pl. 20).

Monachina (Savi).

N. v. s. — *Lesina.*

Cette espèce, répandue en Europe et en Afrique, est de passage en Sicile comme en Italie. Elle séjourne principalement aux environs de Catane et de Lentini, ne se trouvant que rarement sur les côtes du nord de la Sicile. L'avocette est très-commune dans la Nord-Hollande.

MACRODACTYLES (Cuv.).

Genre RALE (Temm.); *Rallus* (Linn., Temm.); Fam. des Rallidées (Swains.).

Rale d'eau (Buff., pl. enl. 749. Vieill., pl. 140, f. 1. Roux, pl. 329. Temm., manuel, t. 2); Râle d'eau vulgaire (Temm., t. 4); Râle d'eau d'Europe (Cuv.).

Rallus aquaticus (Linn., Cuv., Temm., Vieill., Lath.).

Gallinella (Savi); *Gallinella palustre.*

N. v. s. — *Marranzanu* (Catane, Syracuse); *Gaddinedda d'acqua* (Palerme, Messine); *Percia-Sciari* (Castrogiovanni).

Le râle d'eau habite toute l'année dans les marais et les étangs de Catane et des autres parties de la Sicile, mais on ne le trouve aux environs de Messine qu'aux époques du double passage.

Genre POULE D'EAU (Temm.); *GALLINULA* (Lath.,
Temm.); Famille des RALLIDÉES (Swains.).

Iʳᵉ *SECTION* — (Temm.).

POULE D'EAU DE GENÊT (Temm.); Râle de genêt ou roi
des cailles (Buff., pl. enl. 750); Râle de genêt (Cuv.,
Vieill., pl. 140, f. 2, Roux, pl. 328).

Gallinula crex (Lath., Temm.); *Rallus crex* (Linn.,
Cuv., Vieill.); *Crex pratensis* (Bechst., Meyer).

Re di quaglie (Savi).

N. v. s. — *Re di quacchi veru.*

Cet oiseau arrive en Sicile au printemps, et pendant
le séjour qu'il y fait, il vit solitaire, au milieu des
herbages touffus et près des eaux. On ne croit pas
qu'il niche dans cette île où il est beaucoup plus rare
lors du passage d'automne.

———

MAROUETTE (Buff., pl. enl. 751, vieux mâle, Cuv.);
Petit râle d'eau (Buff.); Petit râle tacheté (Cuv.); Poule
d'eau marouette (Temm.); Râle marouette (Vieill., pl.
141, f. 1. Roux, pl. 330).

Gallinula porzana (Lath., Temm.); *Rallus porzana*
(Linn., Cuv., Vieill.).

Voltolino (Savi).

N. v. s. — *Jaddinedda d'acqua.*

La marouette habite au bord des lacs et des marais
de la Sicile, et au milieu des joncs et des plantes aquatiques. On la voit en grand nombre dans toute l'île
pendant les mois de février et de mars, mais aux environs de Catane et de Syracuse elle y séjourne également
l'été et y niche sur les eaux, composant son nid d'herbages entrelacés et flottants.

POULE D'EAU POUSSIN (Temm.); Râle, râllo-marouet (Vieill., pl. 141, f. 2, mâle; f. 3, tête de la femelle. Roux, pl. 331. Sonnini, édit. de Buff.).

Gallinula pusilla (Bechst., Temm.); *Rallus Peyrousei* (Vieill.); *Rallus pusillus* (Pallas, Linn., Lath.); *Orty-gometra pusilla* (Bonap.).

Schiribilla (Savi).

N. v. s. — *Jaddinedda d'acqua surcera.*

On trouve la poule d'eau poussin en Sicile dans les mêmes localités que l'espèce précédente, mais elle est plus rare.

Selon M. Temminck, cette espèce qui est assez répandue en Italie, en Allemagne et en Dalmatie, se retrouve dans plusieurs contrées de l'Asie.

———

POULE D'EAU BAILLON (Temm.); Râle Baillon (Vieill., pl. 142, f. 1, adulte, f. 2, tête du jeune, Roux, pl. 332).

Gallinula Baillonii (Temm.); *Rallus Baillonii* (Vieill.); *Ortygometra Bailloni* (Stephen); *Crex Baillonii* (Selby); *Zaporina Baillonii* (Gould).

Schiribilla grigiata (Savi).

Cette espèce encore plus petite que la poule d'eau poussin se trouve en Sicile dans les mêmes localités et y a été long-temps confondue avec elle.

IIᵉ SECTION. — (Temm.).

POULE D'EAU ORDINAIRE (Temm.); Poule d'eau (Buff., pl. enl. 877, le mâle); Poule d'eau commune (Cuv.); Gallinule commune (Vieill., pl. 142, f. 3, Roux, pl. 334, l'adulte; pl. 335 le jeune); Poulette d'eau (Buff.).

Gallinula chloropus (Lath., Temm., Vieill.); *Fulica chloropus* (Linn., Swains., Selby, pl. 31).

Sciabica (Savi).

N. v. s. — *Jadduzzu impiriali.*

La poule d'eau est commune en Sicile comme dans presque toute l'Europe. Quoiqu'elle niche dans tous les lacs, au bord de l'Anapus et de la rivière de Cyane, près Syracuse et dans les marais de Catane, où elle est sédentaire, on ne la voit que de passage aux environs de Messine.

———

Genre TALÈVE (Temm.); TALÈVE ou POULE SULTANE (Cuv.); *Porphyrio* (Briss., Temm., Cuv., Sw.); Famille des Rallidées (Swains.).

Porphyrion (Buff.); ou Poule sultane, talève porphyrion (Temm.); Poule sultane ordinaire (Cuv.).

Porphyrio hyacinthinus (Temm., Roux, pl. 333, Gould); *Fulica porphyrio* (Linn.); *Porphyrion antiquorum* (Bonap.).

Pollo sultano (Savi).

N. v. s. — *Gaddu facianu, Gallo-fagiano.*

Le porphyrion que l'on a observé quelquefois en France, dans la Provence et dans le Dauphiné, se trouve en Sardaigne d'où je l'ai reçu plusieurs fois et est très-commun en Sicile ainsi qu'en Algérie, notamment dans la province de Bône, sur le lac Fetzara. Les sujets que j'ai reçus de cette dernière contrée et que je dois à l'obligeance de M. Ledoux, officier du génie, sont semblables à ceux d'Europe.

M. Luighi Benoît a observé en octobre quelques porphyrions qui paraissaient très-vieux et qui avaient, dit-il, sur la poitrine deux plumes beaucoup plus longues que les autres, saillantes, très-raides, à barbes courtes et à tige dure à la pointe, semblables enfin sous plusieurs

rapports aux plumes que le *méleagris gallo-pavo* porte
à la même place. N'ayant pas vu ces sujets je me borne
à traduire ce qu'en a dit M. Luighi Benoît.

M. Savi, croit que le porphyrion n'est que de passage
en Sicile, mais je suis convaincu avec M. le prince de
Musignano, que cet oiseau n'émigre point. On le trouve
toute l'année dans les mêmes lieux dont il ne s'écarte jamais.
Aussi, quoique commun dans la province de Catane, le
porphyrion ne se trouve t-il point dans celle de Messine
qui en est limitrophe. Il a d'ailleurs le vol si lourd, qu'il ne
pourrait traverser la mer qu'avec beaucoup de peine.

Le porphyrion est très-commun sur le lac de Lentini,
dans les marais de Catane, dans l'Anapus et la rivière
de Cyane, près Syracuse, ainsi que dans quelques autres
localités de la Sicile. Né au milieu des joncs, il n'en
sort que rarement et lorsqu'il est pressé par la faim;
à l'état sauvage, il se nourrit de racines, d'herbages
aquatiques et de céréales, tandis qu'en captivité il mange
tout ce qu'on lui offre.

Sa voix est forte et sonore. Quoique habitant des
eaux, le porphyrion ne s'y tient pas plongé habituellement.
S'il vient à être chassé et obligé de s'éloigner des eaux,
il paraît embarrassé et se débat, ou bien il plonge sans
quitter le même endroit; aussi les bateliers qui con-
naissent les mœurs stupides de cet oiseau, dirigent-ils
leur nacelle sur le point où ils l'ont vu disparaître et
le prennent-ils ordinairement en vie; ce qui fait croire
que cet oiseau n'est pas bon nageur, comme on le pense
généralement faute de l'avoir suffisamment observé. Il
ne vole que rarement, et seulement pour aller d'un
marais à l'autre, ou bien, lorsqu'il n'a pas d'autre ressource
pour échapper au chasseur, quoique le plus souvent il
se cache sous l'eau ou parmi les joncs touffus.

Le porphyrion aime la solitude et il est d'un naturel

doux et timide; il s'apprivoise facilement dans les basses-cours où l'on élève des volailles, se nourrit des mêmes céréales, et lorsqu'on lui présente un objet un peu trop gros pour pouvoir être avalé de suite, il le saisit avec les ongles et le porte à son bec.

M. Luighi Benoît a nourri en captivité plusieurs porphyrions qui marchaient en levant très-haut leurs pattes dont la longueur semblait les gêner.

Cet oiseau dépose ses œufs, au nombre de deux à quatre, soit sur la terre, sans construire de nid, soit parmi les herbes touffues au milieu et à proximité des marais. L'incubation a lieu dans le mois de février ou de mars. Les poussins sont nés en avril et ils sont alors couverts d'un duvet d'un noir bleuâtre, ayant le bec, la plaque frontale et les pieds blancs. A peine nés, ils courent autour du nid, et l'on assure qu'ils prennent leur nourriture sans le secours de la mère. Ils font entendre parfois un cri flexible et non interrompu comme les petits poulets. En septembre et en octobre on prend aux environs de Catane beaucoup de porphyrions, jeunes pour la plupart, au moyen de copes ou filets dans lesquels on les attire en y plaçant du maïs ou tout autre appât. On se sert des mêmes filets pour prendre beaucoup de canards, de bécassines et d'autres espèces aquatiques.

———

Genre FOULQUE (Temm.); Foulque ou Morelle (Cuv.); *Fulica* (Briss., Cuv., Temm., Sw.); Fam. des RALLIDÉES (Swains.).

FOULQUE A CRÊTE; Grande Foulque à Crête (Buff., pl. enl. 797); Foulque de Madagascar (Vieill., gal. des ois. 269).

Fulica cristata (Gmel.).

Je suis étonné que cette foulque n'ait pas encore pris

place parmi les oiseaux d'Europe, car, non-seulement elle a été tuée en Provence, mais plusieurs fois en Sardaigne et récemment en Sicile, dans l'Anapus. Je soupçonne qu'on l'aura toujours confondue avec la foulque macroule, quoique sa tête et ses pieds la fassent reconnaître de suite. Buffon se trompait évidemment lorsqu'il disait, en parlant de cette foulque : « Cette espèce ne serait-elle » au fond que la même que celle d'Europe, agrandie et » développée par l'influence d'un climat plus actif et plus » chaud. »

La foulque à crête est commune en Algérie et l'on pourrait s'en procurer un grand nombre sur les marchés, sans l'usage qu'ont les Arabes de couper de suite la tête à toutes les pièces de gibier.

———

FOULQUE MORELLE (Vieill., pl. 143, f. 1. Roux, pl. 336); Foulque ou Morelle d'Europe (Cuv.); Foulque ou Morelle (Buff., pl. enl. 197); Grande Foulque ou Macroule (Buff.); Foulque macroule (Temm.).

Fulica atra (Linn., Cuv., Temm., Vieill., Swains., Selby, pl. 32); *Fulica aterrima* (Gmel., Lath.).

Folaga (Savi).

N. v. s. — *Foggia* (Messine); *Jaddinazza niura* (Catane).

Les foulques morelles sont on ne peut plus communes, toute l'année, dans le lac de Lentini, dans les marais de Catane, dans l'Anapus et la rivière de Cyane, près Syracuse, ainsi que dans tous les étangs et les fleuves de la Sicile. Pendant l'hiver, elles se réunissent en troupes nombreuses et ne se séparent qu'à l'époque de l'incubation.

Cet oiseau n'est que de passage aux environs de Messine et seulement au printemps.

Genre GLARÉOLE (Temm.); *GIAROLE* ou *PERDRIX DE MER* (Cuv.); *GLAREOLA* (Briss., Cuv., Temm., Sw.);

Faisant partie des *ALECTORIDES* (XI⁰ ordre) de M. Temminck; Fam. des CHARADRIADEES (Swains).

GLARÉOLE A COLLIER (Temm., atlas du manuel); Glaréole dite Perdrix de mer (Vieill., pl. 139, f. 2. Roux, pl. 527); Giarole ou Perdrix de mer (Cuv.); Perdrix de mer (Briss., Buff., pl. enl. 882); Perdrix de mer à collier, la grise, la brune et la giarole (Sonn., édit. de Buff.).

Glareola torquata (Meyer, Temm., Swains., Briss., Selby, pl. 63); *Glareola austriaca* (Vieill., Lath., Gmel., Cuv.), *Glareola pratincola* (Leach., Bonap.); *Hirundo patrincola* (Linn.).

Pernice di mare (Savi).

N. v. s. — *Rinninuni americanu; Buccuzza russa* (Messine); *Tirriciacchiti* (Catane, Syracuse).

Cette espèce, qui est très-abondante en Dalmatie et en Sardaigne, habite également la Sicile. On en voit arriver chaque année des bandes peu nombreuses, qui se tiennent auprès des petits lacs du phare de Messine ou sous les murs de la citadelle.

La glaréole est fort rare aux environs de Palerme, mais on la trouve fréquemment dans les localités marécageuses près de Catane et de Syracuse.

Elle est extrêmement commune en Algérie, notamment au mois d'août, aux environs de Bône.

———

Genre FLAMMANT (Cuv., Temm.); *PHOENICOPTERUS* (Linn., Cuv., Temm., Sw.).

V⁰ ordre des *NATATORES*; Fam. des ANATIDÉES; s. f. des PHOENICOPTINÉES (Swains.).

FLAMMANT ROSE (Temm., manuel, t. 4); Flammant

(Buff., pl. enl. 63); Flammant rouge (Temm., manuel, t. 2); Phénicoptère d'Europe (Vieill., Roux, pl. 359, mâle adulte; pl. 340, le jeune).

Phœnicopterus antiquorum (Temm., manuel, t. 4); *Phœnicopterus europœus* (Vieill., Swains.); *Phœnicopterus ruber* (Linn., Lath., Cuv., Temm., manuel, t. 2).

Fenicottero (Savi).

N. v. s. — *Fiammingu.*

Il y a des années où cet oiseau est très-commun en Sardaigne, tandis qu'il y est très-rare dans d'autres; mais jamais on ne le voit en grand nombre en Sicile, quoiqu'il se montre dans toutes les parties de l'île et à intervalles irréguliers. Ainsi, en mai 1833 et en octobre 1856, on en tua deux sujets aux environs de Messine.

Le flammant est de passage, l'hiver, dans le midi de la France, et l'on en voit souvent aux environs de Cette, d'Arles et de Martigues. Il a été observé aussi très-accidentellement aux bords du Rhin, et M. Degland annonce qu'un individu a été tué près Dunkerque.

ORDRE VI.

PALMIPÈDES (Cuv.).

———

Nota. J'ai pris la liberté d'intervertir les quatre divisions établies par Cuvier dans cet ordre, pensant, avec M. Temminck, que les brachyptères, qui n'ont pour ainsi dire que des membranes cartilagineuses au lieu d'ailes (comme par exemple l'*alca impennis* en Europe et les *aptenodytes* des mers du sud), doivent terminer la série des oiseaux.

———

PALMIPÈDES (Temm.), moins le genre *PODICEPS* qui fait partie de l'ordre des PINNATIPÈDES (Temm.).

NATATORES (Swains.), plus le genre *PHOENICOPTERUS* qui fait partie de l'ordre des ECHASSIERS (Cuv.).

———

LONGIPENNES ou GRANDS VOILIERS (Cuv.).

———

Genre PUFFIN (Temm., Cuv.); *PUFFINUS* (Ray, Temm., Cuv.); *THALASSIDROMA* (Sw.); Fam. des ALCADÉES; s. f. des LARIDÉES (Sw.).

PUFFIN CENDRÉ (Temm., manuel, t. 4. Cuv.); Petrel puffin commun (Vieill.); Petrel puffin (Temm., manuel, t. 2); Puffin (Buff., pl. enl. 962).

Puffinus cinereus (Temm.); *Procellaria puffinus*

(Linn., Temm., Cuv., Vieill.); *Procellaria cinerea* (Gmel, Lath.); *Thalassidroma cinerea* (Swains.).

Berta maggiore (Savi).

N. v. s. — *Aipa beccu tortu.*

Le puffin cendré se montre quelquefois en hiver sur les côtes de la Sicile et assez rarement au printemps. Au mois de mars 1839, une troupe nombreuse de puffins parut dans le port de Messine, où les bateliers en prirent beaucoup à l'aide d'hameçons flottants. Cet oiseau est très-commun dans le golfe de Gênes et sur les côtes de la Corse où il niche

———

PUFFIN MANKS (Temm., manuel, t. 4, et Petrel manks t. 2).

Puffinus anglorum (Ray, Temm., t. 4, et *Procellari anglorum*, t. 2); *Procellaria puffinus* (Brünnich); *Tha lassidroma anglorum* (Swains.).

Berta minore (Savi).

N. v. s. — *Aipa cinnirusa.*

Cette espèce, qui est commune à Terre-Neuve et au îles Féroë, est de passage dans la Méditerranée. Chaqu année, pendant l'hiver, on en prend, sur les côtes d Sicile, notamment dans le port de Messine, quelques in dividus qui se mêlent à des bandes de goélands.

———

Genre THALASSIDROME (Temm.); *THALASSIDROMA* (Vigors, Temm., Swains.); Fam. des ALCADÉES; s. f. des LARIDÉES (Sw.).

THALASSIDROME TEMPÈTE (Temm., manuel, t. 4, et Petrel tempête, t. 2); Petrel de tempête (Vieill.); Oiseau de tempête (Buff., v. 9, p. 527); Petrel (Briss., pl. 13, f. 1).

Thalassidroma pelagica (Vigors, Swains., Temm., t. 4. Selby, pl. 103, f. 2); *Procellaria pelagica* (Linn., Temm., Vieill.); *Hydrobates fœroensis*, une variété (Brehm).

Uccello delle tempeste (Savi).

N. v. s. — *Rinninuni di mari.*

Cette espèce est commune à Malte où elle est connue sous le nom de *Can-gu-ta filfla*, parce qu'elle habite surtout une petite île nommée Filfola, dont elle ne s'éloigne que lorsque la mer devient orageuse. Aussi les marins regardent-ils cet oiseau comme le précurseur de la tempête. Il paraît quelquefois dans le grand port de Syracuse, et on en prend à Messine dans les soirées d'été un peu sombres, parce que alors il vient voltiger autour des feux que les pêcheurs allument à l'extrémité de leurs barques et se prend dans leurs filets. Ce thalassidrome, très-commun dans le nord, a été tué plusieurs fois dans le centre de la France, et on assure qu'il niche dans le golfe de Gascogne.

———

Genre MOUETTE (Temm.); LARUS (Linn., Cuv., Temm., Swains.); GOELANDS, MAUVES, MOUETTES (Cuv.); Fam. des ALCADÉES; s. f. des LARIDÉES (Sw.).

MOUETTE A MANTEAU BLEU (Temm., manuel, t. 4, et Goéland à manteau bleu, t. 2. Vieill.); Goéland à manteau gris et blanc (Buff., un jeune en mue à la troisième année); Goéland à manteau gris ou cendré (Buff., pl. enl. 253).

Larus argentatus (Brunn., Temm., Vieill., Gmel.).

Marino pescatore (Savi); *Gabbiano reale.*

N. v. s. — *Buarazza.*

Les jeunes sujets de cette espèce sont très-communs en hiver sur les côtes de Sicile, à Syracuse et à Messine, surtout aux approches des orages, ou lorsque le vent du midi vient à souffler. On en voit aussi l'été quelques couples dans le détroit, et il est probable que cette espèce niche sur les plages désertes de la Calabre.

Je n'ai pu encore me procurer de sujets du *larus argentatoïdes*, que le prince de Musignano annonce être une nouvelle espèce fréquentant les côtes d'Italie, et j'ignore si cet oiseau visite les côtes de la Sicile, mais il paraît, d'après ce qu'annonce M. Temminck, que ce n'est qu'une variété du *larus argentatus*.

———

MOUETTE A MANTEAU NOIR (Temm., manuel, t. 4); Goéland à manteau noir (Temm., t. 2. Vieill., pl. 159, f. 2; tête du jeune, f. 3. Cuv.), Goéland varié ou Grisard (Buff., le jeune, pl. enl. 266).

Larus marinus (Linn., Lath., Temm., Vieill.); *Larus nœvius* (Gmel.), le jeune.

Mugnajaccio (Savi).

Des jeunes individus de cette espèce ont été tués dans le port de Syracuse, et sur les côtes d'Italie. Néanmoins on en voit assez rarement.

———

MOUETTE A PIEDS JAUNES (Cuv., Temm., manuel, t. 4); Goéland à pieds jaunes (Temm., t. 2. Vieill.); Goéland noir manteau (Buff., 31, surtout la pl. enl. 990).

Larus flavipes (Meyer, Vieill., Temm., t. 4); *Larus fuscus* (Linn., Temm., t. 2. Lath.).

Zafferano mezzomoro (Savi); *Gabbiano zafferano mezzomoro; Gabbiano guairo.*

N. v. s. — *Buarazza a pedi biunni* (Messine); *Aipa a pettu, e piedi biunni* (Palerme).

Cette mouette, qui est très-commune sur les côtes de

la Méditerranée, n'a encore été observée qu'une seule fois à Messine, quoiqu'elle se montre assez fréquemment à Palerme. Mais elle est probablement plus commune sur d'autres parties du littoral.

———

MOUETTE A PIEDS BLEUS (Buff., ou Grande Mouette cendrée, pl. enl. 977. Cuv., Temm., Vieill.); Mouette d'hiver (Buff.).

Larus canus (Linn., Temm., Vieill.); *Larus hybernus,* le jeune (Gmel.); *Larus procellosus,* le jeune (Bechst.); *Larus cyanorhynchus,* la livrée d'hiver (Meyer).

Gavina (Savi).

N. v. s. — *Aipa a pedi niuri.*

Cette mouette, qui est très-répandue sur toutes les côtes de France, ne l'est pas moins pendant l'hiver sur celles de la Sicile. Elle ne niche que dans les régions arctiques.

———

MOUETTE AUDOUIN (Payraudeau, Temm., pl. col. 480, adulte en robe d'été); Goéland Payraudeau (Vieill.).

Larus Audouini (Payr., Temm.); *Larus Payraudei* (Vieill.).

Gabbiano corso (Savi).

Cette espèce, découverte en Corse, se montre en Sardaigne et dans toute la Méditerranée. Néanmoins, suivant M. Temminck, elle est plus rare en Sicile où je ne l'ai jamais vue.

———

MOUETTE A BEC GRÈLE (Temm.).

Larus tenuirostris (Temm.).

M. Cantraine, n'a vu cette mouette que deux fois pendant son séjour en Sicile. L'individu qu'il a rapporté en

Hollande, a été tué près de Messine et paraît être, comme le second exemplaire, dans la livrée d'été.

M. Temminck, pense que cette espèce nouvelle a toujours été confondue avec ses congénères et qu'elle est plus commune sur la Méditerranée qu'on ne le présume.

———

MOUETTE A CAPUCHON NOIR (Temm.).

Larus melanocephalus (Natt., Temm.).

Gabbiano corallino (Savi).

N. v. s. — *Oca marina testa niura* ou *marzola*.

Cette espèce très-commune en Grèce et sur l'Adriatique, est assez abondante l'hiver en Sicile, ainsi que sur quelques parties du littoral de la Méditerranée. Elle ne quitte la Sicile qu'au mois de mai, de sorte qu'on l'y trouve dans les deux livrées.

On en a tué un exemplaire sur le Rhin et dans le golfe de Lyon.

———

MOUETTE A CAPUCHON PLOMBÉ (Temm.).

Larus atricilla (Linn., Lath., Temm., Pallas, Gould); *Xema atricilla* (Bonap.).

N. v. s. — *Aipa testa cinnirusa.*

Cette espèce que l'on trouve sur les côtes méridionales d'Espagne et dans diverses parties de la Méditerranée se montre également sur les côtes de la Sicile où quelques sujets sont tués de temps en temps, dans la livrée d'hiver; toutefois cette mouette est loin d'être très-commune en Sicile, ainsi que le dit le célèbre auteur du manuel d'ornithologie, t. 2, p. 780.

Cette mouette est de passage accidentel sur les côtes de Normandie; un sujet a été tué dans le département du Calvados.

Mouette rieuse (Buff., pl. enl. 970, mue d'été); Petite mouette cendrée (Buff., pl. enl. 969, robe d'hiver. Temm., Vieill.); Mouette à pieds rouges (Cuv.).

Larus ridibundus (Leisler, Temm., Vieill., Swains., Selby, pl., 92, Lath., Gmel.).

Gabbiano comune (Savi); *Gabbiano cenerino; Gabbiano moretta.*

N. v. s. — *Oco marina* (Messine); *Aipa* (Syracuse); *Aipa scirru* (Palerme).

Cette mouette si abondante sur les côtes de France et de Hollande où elle se voit toute l'année, ne se montre point pendant l'été sur les côtes de Sicile, quoiqu'elle y soit très-commune pendant l'hiver.

Je dois rappeler, au sujet de cet oiseau, qu'une dame de Caen a nourri en captivité pendant plus de trente ans, une mouette rieuse, et que depuis deux ans cette mouette a cessé de perdre en hiver sa livrée de printemps. (Mém. de la soc. Linn. du Calvados).

———

Mouette a masque brun (Temm.).

Larus capistratus (Temm.).

Gabbiano mazzano (Savi).

N. v. s. — *Aipa mezzana* (B.).

Cette mouette, que M. Temminck indique comme propre à l'extrême nord de l'Europe et de l'Amérique, est de passage au moins accidentel dans les mers du midi de l'Europe. Ainsi, j'ai vu chez M. Benoit, à Messine, un exemplaire tué aux environs de cette ville, et un second exemplaire, tué dans le golfe de Gênes, figure dans la collection de M. le marquis Durazzo. Plusieurs individus de cette espèce rare ont été tués près de Dunkerque, en automne et en hiver, ainsi que dans le département du Calvados.

———

MOUETTE A IRIS BLANC (Temm., pl. col. 566).

Larus leucophthalmus (Licht.).

On assure que cette mouette, qui est très-répandue dans les parages de la Grèce, se montre accidentellement sur les côtes de Sicile et dans la Méditerranée, suivant M. Temminck. Je ne connais aucun exemple de capture opérée sur le littoral de la Sicile.

———

MOUETTE PYGMÉE (Temm.); la plus petite des Mouettes et Mouette rieuse de Sibérie (Sonnini, édit. de Buff.).

Larus minutus (Pallas, Temm., Gmel., Lath.); *Larus atricilloïdes*, robe d'été (Falk, Gmel., Lath.); *Xema minutum* (Boié).

Gabbianello (Savi).

N. v. s. — *Aipa nicu.*

Cette mouette, qui se montre souvent dans le nord de l'Europe, est assez répandue dans les mers du midi, et surtout sur les côtes de la Sicile. Elle paraît sur le littoral de cette île dans le courant de septembre et le quitte au milieu de l'hiver pour se rendre sur les lacs et étangs de l'intérieur. Aussi, en tue-t-on fréquemment auprès de Lentini. Au mois d'avril, elle se rapproche des côtes et part définitivement au mois de mai. Le peu de timidité de cette espèce approche de la stupidité. On la tue quelquefois sur les côtes de France.

———

Genre **HIRONDELLE DE MER** (Temm., Cuv.); *STERNE* (Vieill.); *STERNA* (Linn., Cuv., Temm., Sw.); Fam. des **ALCADÉES**; s. f. des **LARIDÉES** (Sw.).

HIRONDELLE DE MER TSCHEGRAVA (Sonnini, édit. de Buff., Temm.).

Sterna caspia (Pallas, Gmel., Lath., Temm.); *Sterna megarhynchos* (Meyer).

Rondine di mare maggiore (Savi).

Cette espèce, assez rare, est de passage très-accidentel dans les diverses parties de l'Europe. Ainsi, on a tué des individus en France, à Nismes et dans le département du Calvados, en Belgique, en Angleterre et en Hollande. M. Cantraine l'a même observée nichant dans la Méditerranée, et j'en ai vu enfin un sujet tué sur les côtes de Sicile, aux environs de Syracuse.

———

HIRONDELLE DE MER CAUGEK (Temm.); Sterne Boys (Vieill., pl. 160, f. 1); Hirondelle de mer à bec noir (Cuv.).

Sterna cantiaca (Gmel., Temm., Cuv.); *Sterna Boysii* (Vieill., Lath.).

Beccapecci (Savi).

N. v. s. — *Ala longa tupputa.*

Cette hirondelle, très-répandue sur toutes les côtes, est rare sur le littoral nord de la Sicile; néanmoins elle se montre plus souvent dans le grand port de Syracuse. Au mois de février 1837, une bande de *sterna cantiaca* s'est montrée sur les petits lacs du phare de Messine.

———

HIRONDELLE DE MER VOYAGEUSE (Temm.).

Sterna affinis (Rüppell, Temm.); *Sterna media* (Horsf.); *Sterna arabica* (Ehremberg.).

Cette espèce, observée et décrite pour la première fois par M. le docteur Rüppell, est répandue, non-seulement sur les bords de la mer Rouge, mais dans tout l'Archipel et dans la Méditerranée. Un exemplaire a été tué près du port de Syracuse, et, il y a environ trois ans, j'en ai reçu de l'Algérie un autre sujet en plumage d'été.

Il est probable qu'on aura souvent confondu cette espèce avec le sterne caugeck, quoique la couleur du bec, noir dans ce dernier oiseau tandis qu'il est jaune dans le premier, soit un caractère suffisant pour les distinguer de prime-abord.

HIRONDELLE DE MER PIERRE-GARIN (Buff., pl. enl. 987. Temm.); Sterne Pierre-Garin (Vieill.); Le Pierre-Garin ou Hirondelle de mer à bec rouge (Cuv.)

Sterna hirundo (Linn., Lath., Temm., Vieill.).

Rondine di mare (Savi).

N. v. s. — *Ala longa.*

Cette hirondelle est aussi commune en Sicile au passage de mai qu'elle l'est sur les côtes de Hollande. Néanmoins elle paraît rare du côté de Messine.

HIRONDELLE DE MER HANSEL (Temm., Savig., Egypte, pl. 9, f. 2); Sterne des marais (Vieill., pl. 161, f. 1).

Sterna anglica (Montagu, Temm.); *Sterna aranea* (Savig., Vieill.); M. Temminck pense que *sterna aranea* d'Amérique (Wilson) constitue une espèce différente de *sterna anglica.*

Rondine di mare zampe-nere (Savi).

N. v. s. — *Ala longa beccu rossu.*

Cette espèce est très-rare dans la Méditerranée. Un sujet, en livrée de noces, a été tué à Messine au mois d'avril 1839 et se trouve dans le cabinet de M. Benoit.

M. de Selys annonce que cette hirondelle est de passage très-accidentel sur l'Escaut.

— —

HIRONDELLE DE MER MOUSTAC (Temm.); Sterne de Lamotte (Vieill.).

Sterna leucopareia (Natt., Temm.); *Sterna de Lamotte.*

Rondine di mare piombata (Savi).

Cette espèce, répandue en Dalmatie, en Hongrie, sur les côtes d'Italie, de Syrie, d'Egypte et d'Asie, se montre quelquefois en Sicile où un sujet, en livrée d'été, a été tué en 1839 dans le grand port de Syracuse.

M. Jules de Lamotte l'a trouvée sur les côtes de la Picardie.

———

HIRONDELLE DE MER LEUCOPTÈRE (Temm.); Sterne leucoptère (Vieill., pl. 160, f. 2).

Sterna leucoptera (Temm., Vieill.).

Mignattino zampe-bosse (Savi).

N. v. s. — *Ala longa pedi russi.*

Cette espèce, qui ne paraît que très-accidentellement dans les contrées tempérées de l'Europe, habite toute l'année les côtes de la Méditerranée et de l'Adriatique. Elle se montre, en Sicile, au printemps et se répand alors sur le lac de Lentini, aux environs de Catane et de Syracuse. Elle est plus rare dans le nord de l'île.

———

HIRONDELLE DE MER ÉPOUVANTAIL (Temm.); Sterne épouvantail (Vieill.); Hirondelle de mer à tête noire ou gachet (Buff.); Guifette noire ou épouvantail (Buff., pl. enl. 353 et pl. 924, sous le nom de guifette); Hirondelle de-mer noire (Cuv.).

Sterna nigra (Linn., Temm., Vieill., Lath.).

Mignattino (Savi).

N. v. s. *Ala longa niura*

Cette hirondelle de mer est commune au mois de mai sur les lacs de la Sicile et se trouve alors en livrée de noces ; il n'y reste l'été qu'un petit nombre d'individus. Elle devient plus rare lors du passage d'automne.

———

PETITE HIRONDELLE DE MER (Buff., pl. enl. 996, Temm., Cuv.); Petit sterne (Vieill.).

Sterna minuta (Linn., Lath., Temm., Vieill., Cuv.).

Fraticello (Savi).

N. v. s. — *Ala longa nica.*

Cette espèce qui est très-répandue surtout dans le nord, niche sur les côtes de Sicile quoiqu'elle n'y soit pas très-commune.

———

LAMELLIROSTRES (Cuv.).

———

Genre CYGNE (Temm., Cuv.); *CYGNUS* (Meyer. Cuv., Temm., Swains.); Famille des ANATIDÉES ; s f. des ANSERINÉES (Swains.).

CYGNE SAUVAGE (Buff., Vieill., Roux, pl. 365, Temm., manuel, t. 4); Cygne à bec jaune ou sauvage (Temm., t. 2) Cygne à bec noir (Cuv.).

Cygnus musicus (Bechst., Temm.); *Anas cygnus* (Linn., Temm., t. 2, Lath.); *Cygnus ferus* (Vieill., Selby).

Cigno selvatico (Savi).

N. v. s. — *Cinnu, Ciciruni.*

Ce bel oiseau des contrées septentrionales de l'Europe est de passage accidentel en Sicile et sur les côtes d'Italie, principalement dans les hivers rigoureux. Ainsi en 1838 où tant de cygnes parurent dans toute la France, un jeune sujet fut tué en Sicile, près de Milazzo, d'autres individus ont été observés, à diverses époques, soit sur le lac de Lentini, soit sur ceux du Phare de Messine.

—

CYGNE DE BEWICK (Temm.).

Cygnus Bewickii (Yarrel, Gould, Swains., Selby, pl. 47); *Cygnus islandicus* (Brehm).

Cette espèce que l'on a observée en France et en Belgique à diverses époques ayant toujours été confondue avec le *cygnus musicus*, il est possible qu'elle soit comme cette dernière espèce de passage en Sicile. Je crois donc devoir la signaler pour que l'attention des observateurs Siciliens soit éveillée sur ce point. Le cygne de Bewick, a été tué récemment dans le département des Landes suivant M. Darracq.

—

Genre OIE (Cuv., Temm.); ANSER (Briss., Cuv., Temm., Swains.); Famille des ANATIDÉES; s. f. des ANSERINÉES (Swains.).

OIE VULGAIRE OU SAUVAGE (Temm.); Oie sauvage (Buff., pl. enl. 985); Oie des moissons (Sonnini, édit. de Buff., Vieill., pl. 149, f. 3, Roux, pl. 360).

Anser segetum (Meyer, Savi, Vieill., Swains., Temm.); *Anas segetum* (Gmel., Lath., Temm., manuel, t. 2).

Oca granajola (Savi).

N. v. s. — *Oca sarvaggiu.*

L'oie sauvage que nous voyons l'automne effectuer en

si grand nombre sa migration du nord au sud, est pendant l'hiver très-commune sur le lac de Lentini et dans tous les marais voisins. Pendant le jour cet oiseau très-défiant se tient sur le lac d'où il découvre de loin les chasseurs, et il va passer la nuit dans les marécages où il trouve une nourriture abondante. L'oie sauvage quoique commune dans les provinces de Syracuse et de Catane, n'est que de passage aux environs de Messine depuis le commencement de l'automne jusqu'au mois d'avril.

———

Oie d'Egypte (Buff., pl. enl. 379 et oie du cap de Bonne-Espérance); Oie égyptienne (Temm.).

Anser Ægyptiacus (Linn., Meyer, Temm.); *Anas ægyptiaca* (Gmel., Briss.); *Chenalopex ægyptiacus* (Gould, Lesson).

Cette espèce originaire d'Afrique a été tuée en Sicile, selon M. Temminck, mais je n'ai point connaissance d'autre capture opérée dans cette île.

L'oie d'Egypte se montre très-accidentellement dans diverses parties de l'Europe, ainsi elle a été tuée dans plusieurs parties de l'Allemagne et M. de Selys Longchamps annonce qu'un individu a été tué près Namur, en mars 1835, et un autre près de Liège en novembre 1837. Je dois encore ajouter que le musée de la ville de Metz possède un des trois individus qui ont été tués près de cette ville en décembre 1833.

———

Genre CANARD (Temm.); *Anas* (Meyer, Temm.).

C'est surtout dans ce genre que le luxe des coupes a été porté à un haut degré. Il est vivement à regretter, dans l'intérêt de la science, que quelques méthodistes modernes si distingués, aient cru devoir multiplier autant les sous-familles, les genres, les sections, etc. et créer autant de dénominations nouvelles.

Cette marche, loin de simplifier l'étude de la science et de la rendre populaire, amènera infailliblement un chaos tel, que ceux qui voudront aborder l'ornithologie seront rebutés dès le principe, et cette branche si intéressante de l'histoire naturelle deviendra une véritable Babel, chaque naturaliste parlant un langage différent, pour exprimer la même idée.

SECTION A. — Doigt postérieur sans membrane (Temm.); 2.e division Souchets et Tadornes (Cuv.); *Chauliodus, Anas, Boschas, Dafila* et *Tadorna* (Swains.); Famille des Anatidées; s. f. des Anatinées (Swains.).

Tadorne (Buff. pl. enl. 53, le mâle); Canard tadorne (Temm., Vieill., pl., 151, f. 1); Tadorne commun (Cuv.).

Anas tadorna (Linn., Lath., Temm., Vieill.); *Tadorna vulpanser* (Selby, pl. 48); *Tadorna Bellonii* (Swains.).

Volpoca (Savi).

N. v. s. — *Cruciata* (Syracuse, Catane); *Anitra rara* (Palerme).

Le tadorne est rare en Sicile et ne se montre jamais qu'en petit nombre. On en tue quelquefois pendant l'hiver dans les environs de Catane et de Syracuse.

———

Canard sauvage (Buff., pl. enl. 776 et 777. Temm. Vieill.); Canard ordinaire (Cuv.).

Anas boschas (Linn., Lath., Temm., Vieill.); *Boschas domestica* (Swains.).

Germanreale (Savi).

N. v. s. — *Coddu virdi*, le mâle; *Maddarda*, la femelle.

Cette espèce, répandue dans toute l'Europe, est de passage en Sicile dans les journées les plus froides de l'hiver et au printemps. On en trouve néanmoins toute l'année, dans les marais voisins du lac de Lentini, des bandes de douze à vingt individus, qui habitent dans les joncs et les roseaux, et y nichent, selon M. Luighi Benoit.

M. Schinz et M. de Selys signalent plusieurs captures opérées en Europe, de l'*anas purpureoviridis* (Schinz), qui paraît être un métis de l'espèce sauvage et non une espèce franche.

———

CHIPEAU (Temm., manuel, t. 4); Chipeau ou Ridenne (Buff., pl. enl. 958, le mâle. Cuv.); Canard chipeau ou Ridenne (Temm., manuel, t. 2); Canard ridenne (Vieill., pl. 157, f. 2; tête de la femelle, f. 3).

Anas strepera (Linn., Lath., Temm., Vieill.); *Chauliodus strepera* (Swains.).

Canapiglia (Savi).

N. v. s. — *Ervalora.*

Le chipeau, qui habite les contrées septentrionales de l'Europe et de l'Amérique, ainsi qu'en Asie, se trouve pendant l'hiver, en Sicile, dans les marais et sur le lac de Lentini ainsi qu'aux environs de Syracuse. Il se tient caché tout le jour parmi les joncs et les herbes touffues. On le chasse surtout aux filets.

———

PILET (Cuv.); Canard à longue queue (Buff., pl. enl. 954, le mâle; Temm., manuel, t. 4); Canard à longue queue ou Pilet (Temm., t. 2); Canard pilet (Vieill.).

Anas acuta (Linn., Lath., Wils., Temm., Vieill.); *Dafila acuta* (Leach., Bonap.); *Dafila caudacuta* (Sw.).

Codone (Savi).

N. v. s. — *Carrabaru* (Lentini); *Cuda longa* (Catane, Syracuse).

Le pilet est de passage en Sicile en hiver et habite comme ses congénères les marais et le lac de Lentini et les environs de Syracuse.

———

SIFFLEUR (Cuv.); Canard siffleur (Buff., pl. enl. 825, le mâle. Temm., Vieill.).

Anas penelope (Linn., Lath., Vieill., Temm.); *Mareca penelope* (Steph., Bonap.).

Fischione (Savi); *Anatra marigiana.*

N. v. s. — *Fischiuni* (Messine, Lentini); *Anfia* (Catane, Syracuse); *Anitra di fischiu* (Castrogiovanni).

Ce canard est très-commun en Sicile pendant l'hiver et habite les mêmes localités marécageuses que ses congénères. Il est de passage aux environs de Messine, et au printemps on en tue quelques individus près des lacs du Phare.

———

SARCELLE D'ÉTÉ (Buff., pl. enl. 946, et Sarcelle commune); Canard sarcelle d'été (Temm.); Sarcelle ordinaire (Cuv.); Canard criquart (Vieill., pl. 158, f. 3).

Anas querquedula (Linn., Temm., Vieill.); *Anas circia* (Gmel.); *Cyanopterus circia* (Eyton).

Marzajola (Savi); *Anatra cercedula.*

N. v. s. — *Mascaruneddu* (Lentini); *Marzajola* (Catane, Messine).

Les sarcelles d'été habitent toute l'année dans les marais de Lentini ainsi qu'aux environs de Catane et de Syracuse, sur les rivières de Cyane et de l'Anapus. Elles volent par troupes nombreuses et se tiennent indistinctement sur les eaux salées comme sur les eaux douces.

Cette espèce niche parmi les herbes touffues, dans les lieux précités, et compose son nid de joncs et de plumes.

Au mois de mars, cette sarcelle paraît aux environs de Messine où elle séjourne peu de temps.

———

SARCELLE D'HIVER; Canard sarcelle d'hiver (Temm.); Petite sarcelle (Buff., pl. enl. 947, le mâle. Cuv.); Canard sarcelle (Vieill.).

Anas crecca (Linn., Lath., Temm., Vieill.); *Boschas crecca* (Swains.); *Querquedula crecca* (Steph.).

Alzavola (Savi); *Anatra querquedula minore.*

N. v. s. — *Trizzutedda.*

Cette sarcelle se montre en hiver, par bandes nombreuses, dans le port de Syracuse, et on assure qu'elle reste l'été en Sicile et niche dans les environs de Syracuse et de Catane, au milieu des grandes touffes d'herbes des étangs. Cet oiseau est de passage aux environs de Messine lorsqu'il émigre du midi au nord, dans le courant du mois d'avril.

———

SOUCHET COMMUN (Cuv.); Canard souchet (Temm., Vieill., pl. 15, f. 1; tête de la femelle, f. 2); Canard souchet ou le rouge (Buff., pl. enl. 971, le mâle, et 972, la femelle).

Anas clypeata (Linn , Lath., Vieill., Temm., Wils., Swains.); *Rhynchaspis clypeata* (Leach.).

Mestolone (Savi).

N. v. s. — *Anatredda* (Palerme); *Favajana* (Castrogiovanni); *Cucchiaruni* (Messine, et la femelle à Syracuse); *Cucchiaruni monacu* (le mâle à Catane).

Le souchet habite tout l'hiver dans les marais de Lentini, et depuis le mois d'octobre jusqu'au mois d'avril on en voit des bandes fort nombreuses. Quelques couples

restent l'été, dit-on, dans les marais de Lentini et y nichent.
Au printemps, cette espèce est de passage aux environs
de Messine.

SECTION B. — Au doigt postérieur une membrane rudimentaire
(Temm.); 1ʳᵉ division, G*ARROTS*, M*ILLOUINS* (Cuv.); F*ULIGULA*,
C*LANGULA* (Swains.); Fam. des A*NATIDEES*; s. f. des F*ULIGULINÉES*
(Sw.).

S*IFFLEUR HUPPÉ* (Buff., pl. enl. 928, mâle); Canard
siffleur huppé (Temm., Vieill., pl. 156, f. 3. Roux, pl.
579, le vieux mâle); Millouin huppé (Cuv.).

Anas rufina (Pallas., Temm., Vieill., Roux, Linn.,
Gmel., Lath.); *Fuligula rufina* (Savi, Swains., Bonap.);
Callichen rufinus (Brehm).

Fistione turco (Savi).

N. v. s. — *Anitra turca; Anitra imperiali.*

Le siffleur huppé, qui n'est que de passage très-accidentel en France, est commun en Sicile sur les lacs et
étangs aux environs de Syracuse, de Catane et de Lentini.
On l'y trouve toute l'année et il y niche au milieu des
herbes et des roseaux. La ponte est de six à huit œufs
d'un blanc verdâtre. Des habitants de Lentini ayant trouvé
des nids du siffleur huppé contenant plusieurs œufs, ont
essayé de les faire couver par une femelle de l'*Anas
boschas* en état de domesticité. Mais les petits n'ont vécu
que peu de jours après leur éclosion et l'on n'a pu encore
parvenir à élever les siffleurs huppés en domesticité. Pendant l'hiver, ce canard est très-abondant, et au printemps,
on en voit beaucoup arriver de l'Orient.

———

M*ILLOUINAN* (Buff., pl. enl. 1002, le vieux. Cuv.); Canard millouinan (Temm., Vieill., pl. 155, f. 3).

Anas marila (Linn., Lath., Temm., Vieill,); *Anas*

frœnata (la femelle, Sparm.); *Fuligula ferina* (Steph., Ray, Swains.); *Aythia ferina* (Boié).

Moriglione ; Moretta grigia (Savi).

N. v. s. — *Scavuni* (Syracuse); *Moju* (Catane, Lentini).

Le millouinan se trouve, l'hiver, en bandes très-nombreuses dans les marais et sur le lac de Lentini. Soir et matin, on lui fait une chasse meurtrière lorsqu'il émigre du lac à la mer et du littoral au lac. Ce canard niche dans les contrées septentrionales.

———

CANARD NYROCA ou à IRIS BLANC (Temm.); Canard nyroca (Vieill., pl. 155, f. 3); Sarcelle d'Egypte (Buff., pl. enl. 100); Nyroca (Sonnini, édit. de Buff.); Petit Millouin (Cuv.).

Anas leucophthalmos (Bechst., Temm.); *Anas nyroca* (Roux, pl. 377, le mâle; pl. 378, la femelle. Linn., Lath., Vieill.); *Anas africana* (Gmel.); *Nyroca leucopthtalma* (Flem.); *Fuligula nyroca* (Ray, Swains.).

Moretta tabaccata (Savi).

N. v. s. — *Russulidda.*

Ce canard est très-commun aux environs de Syracuse, sur le lac de Lentini et dans les marais de Catane, où il niche et habite toute l'année.

Il se montre quelquefois au mois d'avril sur les lacs près du phare de Messine.

———

MORILLON (Cuv., Buff., pl. enl. 1001, vieux mâle, et pl. enl. 1007, le jeune sous le nom de Canard brun, le Petit Morillon); Canard morillon (Temm., Vieill., pl. 155, f. 1, mâle; f. 2, tête de la femelle. Roux, pl. 375, mâle, et 376, femelle).

Anas fuligula (Linn., Lath., Temm., Vieill.); *Fuligula cristata* (Steph.).

Moretta turca (Savi).

N. v. s. — *Scavuzza* (Syracuse); *Tupputu; Occhiulucenti* (Catane, Lentini).

Le morillon est très-commun, l'hiver, dans les marais de Catane et de Lentini, où il se retire habituellement au coucher du soleil après avoir passé la journée sur les bords de la mer. On n'est pas certain s'il niche en Sicile, quoique cela semble probable. Ce canard est rare dans le nord de l'île.

———

GARROT (Buff., pl. enl. 802, le mâle. Cuv.); Canard garrot (Temm., Vieill., pl. 154, f. 2, mâle; f. 3, tête de la femelle. Roux, pl. 373, mâle, et 374, femelle).

Anas clangula (Linn., Lath., Temm., Vieill., Roux); *Clangula glaucion* (Boié); *Fuligula clangula* (Bonap.); *Clangula vulgaris* (Flem., Swains.).

Quattr'occhi (Savi); *Anatra canone domenicano.*

N. v. s. — *Scavuzzuni.*

Le garrot est commun, en Sicile, pendant l'hiver et habite les marais et étangs des environs de Catane, de Lentini et de Syracuse. On ne le voit jamais du côté de Messine et on assure qu'il ne niche point en Sicile.

———

CANARD COURONNÉ (Temm.).

Anas leucocephala (Lath., Linn., Temm.); *Erismatura mersa; Fuligula leucocephala* (Bonap.); *Anas mersa* (Pallas.).

Gobbo rugginoso (Savi).

N. v. s. — *Tistuni* (Catane).

Cette espèce, qui est abondante en Russie et de passage en Sardaigne, selon M. Cantraine, se montre aussi de passage accidentel en Sicile, dans les environs de Lentini et de Syracuse.

___

Genre HARLE (Cuv., Temm.); MERGUS (Linn., Cuv., Temm., Swains.); Famille des ANATIDÉES; s. f. des MERGANIDÉES (Swains.).

GRAND HARLE (Temm.); Harle (Buff., pl. enl. 951); Harle vulgaire (Cuv.); Harle gerle (Vieill., pl. 148, f. 1, mâle; f. 2, tête de la femelle).

Mergus merganser (Linn., Lath., Temm., Cuv., Vieill., Roux, pl. 352 et 353, Swains., Selby, pl. 57, Gould).

Smergo maggiore (Savi).

N. v. s. — *Anitra serra* (Catane).

Cette espèce se montre de passage accidentel en Italie et en Sicile dans les hivers rigoureux. M. le docteur Galvagni annonce que cet oiseau du nord a été observé dans les marais de Lentini.

___

HARLE HUPPÉ (Buff., pl. enl. 207, Temm., Vieill., pl. 148, f. 3, Cuv.); Harle à manteau noir (Buff.); Harle noir (Briss.).

Mergus serrator (Linn., Lath., Temm., Vieill.).

Smergo minore (Savi).

N. v. s. — *Lavuraturi* (Messine); *Anitra serra* (Catane, Syracuse).

Ce harle qui est répandu dans toute l'Europe et en Asie, est de passage en Sicile pendant l'hiver. On ne voit habituellement que des jeunes individus sur les côtes de cette île ainsi qu'en Italie.

___

HARLE PIETTE (Temm., Vieill., pl. 149, f. 1, mâle; f. 2, tête de la femelle, Roux, pl. 355 et 356); Petit harle huppé ou la piette (Buff., pl. enl. 449); Piette, nonnette, petit harle (Cuv.); Piette femelle (Buff., pl. enl. 450, et harle étoilé, le jeune mâle).

Mergus albellus (Linn. Lath., Temm., Vieill.).

Pesciajola (Savi); *Mergo oca minore.*

N. v. s. — *Sirretta.*

Les jeunes seuls de cette espèce se montrent chaque année en Sicile, mais surtout dans les hivers rigoureux et jamais en grand nombre. Le harle piette est également de passage sur les côtes de l'Italie et ne se trouve l'été que dans les contrées du cercle arctique.

TOTIPALMES (Cuv.).

Famille des ALCADÉES; s. f. des PÉLICANIDÉES (Swains.).

Genre PÉLICAN (Cuv., Temm.); *PELECANUS* (Linn., Swains., Illig., Cuv., Temm.); ONOCROTALUS (Briss.).

PÉLICAN BLANC (Temm., Vieill.); Pélican (Buff. pl. enl. 87); Pélican ordinaire (Cuv.); Pélican des Philippines (Buff., pl. enl. 965 un jeune).

Pelecanus onocrotalus (Linn., Lath., Temm., Vieill., Cuv., Roux, pl. 342, le jeune).

Pellicano (Savi).

N. v. s. —, *Pellicanu.*

Le pélican blanc se trouve non-seulement en Hongrie, en Russie et en Dalmatie, mais accidentellement en Sicile et en Italie. A l'automne de 1831, on en tua sur les lacs

du phare de Messine, un jeune individu qui fait partie
de la collection de M. Luighi Benoît, et, en mai 1834,
cinq autres sujets adultes, faisant partie d'une bande nombreuse, furent encore tués dans la même localité.

Le cabinet de la ville de Metz possède un jeune sujet
d'un an de cette espèce, tué aux environs de cette ville,
le 4 octobre 1835.

Genre CORMORAN (Cuv., Temm.); *Carbo* (Meyer,
Temm., Swains.); *Phalacrorax* (Briss.); *Halieus* (Illig.).

Grand cormoran (Temm.); Cormoran (Buff., pl. enl.
927, Cuv.); Cormoran commun (Vieill., Roux).

Carbo cormoranus (Meyer, Temm., Swains.); *Hydrocorax carbo* (Vieill.); *Pelecanus carbo* (Linn., Lath.);
Phalacrocorax carbo (Selby, pl. 84, Savi).

Marangone (Savi).

N. v. s. — *Marguni.*

Cet oiseau qui vit également au bord des eaux de la mer
et des eaux douces, est commun en Sicile dans les marais
de Lentini et sur le lac de ce nom. Il niche sur les
arbres qui croissent au milieu des marais et construit
avec des bûchettes et des roseaux un nid assez grossier,
tapissé de quelques plumes.

Le cormoran est de passage seulement accidentel aux
environs de Messine.

Cormoran largup (Temm., pl. col. 322); Cormoran
tingmick (Vieill., pl. 145, f. 1); Cormoran Desmarest
(Payraudeau).

Carbo cristatus (Temm.); *Hydrocorax cristatus*
(Vieill.); *Carbo Desmarestii* (Payr.).

Marangone largup (Savi).

29

Le cormoran Desmarest de la Méditerranée, que je regarde avec M. Temminck comme identique avec le cormoran largup du nord, est de passage sur les côtes d'Italie et de Sicile. M. Cantraine l'a trouvé également sur les côtes de la Corse et de la Sardaigne.

PLONGEURS ou BRACHYPTÈRES (Cuv.).

Genre GRÈBE (Cuv. , Temm.); PODICEPS (Lath. , Temm., Swains.); COLYMBUS (Briss., Illig., Cuv.); Famille des COLYMBIDÉES (Swains.).

GRÈBE HUPPÉ (Cuv., Vieill., Roux, pl. 344, l'adulte, et pl. 545 un jeune, Temm., Buff., pl. enl. 944, jeune; pl. enl. 941, sous le nom de grèbe; et pl. enl. 400, un vieux sous le nom de grèbe cornu).

Podiceps cristatus (Lath., Temm., Swains.; Selby, pl. 53, Vieill.); *Colymbus cristatus et colymbus urinator* (Gmel.); *Colymbus cornutus et cristatus* (Briss.).

Svasso comune (Savi); *Colimbo crestato.*

N. v. s. — *Aceddu parrinu.*

Le grèbe huppé répandu en Europe et en Asie, est commun toute l'année sur les lacs et étangs de la Sicile; néanmoins il n'est que de passage dans certaines localités. Il construit un nid flottant sur lequel il pond quatre œufs verdâtres, maculés de brun.

GRÈBE CORNU (Temm., manuel, t. 4. Vieill., pl. 146, f. 3. Roux, pl. 348, un très-vieux mâle. Cuv.); Grèbe cornu ou esclavon (Temm., t. 2); Grèbe d'Esclavonie (Buff., pl. enl. 404, f. 2, un vieux, et pl. enl. 942, un jeune sous le nom de Petit Grèbe); Petit Grèbe cornu, Petit Grèbe huppé (Buff.).

Podiceps cornutus (Lath., Temm., Vieill.); *Colymbus cornutus, obscurus* et *caspicus* (Gmel.).

Svasso forestiero (Savi).

N. v. s. — *Tummaloru riali.*

Ce grèbe, qui habite les parties orientales et septentrionales de l'Europe et de l'Amérique, est excessivement rare en Sicile, où néanmoins il est de passage très-accidentel, ainsi que l'indique l'ouvrage de Cupani. On ne cite aucune capture récente.

———

GRÈBE OREILLARD (Temm.); Grèbe à oreilles (Vieill., Roux, pl. 349).

Podiceps auritus (Lath., Temm., Vieill.); *Colymbus auritus* (Briss., Gmel.).

Svasso piccolo (Savi).

N. v. s. — *Tummalora; Smuzzaloru riali* (Castrogiovanni).

Ce grèbe est très-commun en Sicile et habite toute l'année sur les côtes et aux environs de Catane et de Syracuse. Mais il est rare dans le nord de la Sicile, notamment du côté de Messine où l'on ne voit que des jeunes. Il niche parmi les herbages et les joncs les plus touffus et pond trois ou quatre œufs d'un vert blanchâtre.

———

GRÈBE CASTAGNEUX (Temm., Vieill., Roux, pl. 346); Petit Grèbe ou Castagneux (Cuv.); Grèbe de rivière ou Castagneux (Buff., pl. enl. 905, jeune de l'année); Grèbe montagnard (Sonnini, édit. de Buff.); Grèbe de rivière noirâtre (Briss.).

Podiceps minor (Lath., Temm., Vieill.); *Colymbus minor* et *Colymbus hebridicus* (Gmel.); *Sylbeocyclus minor* (Bonap.).

Tuffetto (Savi); *Colimbo minore ; Juffetto rosso.*

N. v. s. — *Pitirru* (Lentini); *Smuzzaloru pampari-nieri* (Castrogiovanni); *Aceddu nanu* (Palerme).

Le castagneux est très-commun, toute l'année, dans le lac de Lentini et dans la plaine de Catane où les eaux pluviales forment, l'hiver, beaucoup de petits étangs. On le trouve dans toute la Sicile et près de Messine à l'époque du printemps. On assure qu'il construit un nid flottant de forme conique, et que lorsqu'il se voit menacé de quelque danger il se place sur ce nid et l'entraîne avec lui sous l'eau.

———

Genre PLONGEON (Temm., Cuv.); COLYMBUS (Linn., Temm., Cuv., Sw.); Fam. des COLYMBIDÉES (Sw.).

PLONGEON CAT-MARIN (Buff., Vieill., Roux, pl. 351. Temm., manuel, t. 4); Plongeon cat-marin ou à gorge rouge (Temm., manuel, t. 2); Petit Plongeon (Cuv.); Plongeon à gorge rouge (Buff., pl. enl. 308, le vieux, et pl. enl. 992, le jeune, sous le nom de Petit Plongeon).

Colymbus septentrionalis (Linn., Temm., Vieill., Cuv., Lath.); *Colymbus stellatus* et *striatus* (Gmel., Lath.); *Colymbus rufogularis* (Faber).

Strolaga piccola (Savi).

N. v. s. — *Tummaloru di li grossi.*

Ce plongeon, qui habite le nord de l'Europe et l'Asie, est le seul parmi ses congénères qui visite quelquefois les rivages de la Sicile. Mais on ne voit que des jeunes sujets dans tout le midi de l'Europe.

———

Genre MACAREUX (Cuv., Temm.); *MORMON* (Illig., Temm., Sw.); *FRATERCULA* (Briss.); Fam. des ALCADÉES (Swains.).

MACAREUX MOINE (Temm.); Macareux (Buff., pl. enl. 275); Macareux arctique (Vieill., pl. 164, f. 2, adulte; pl. 165, f. 1, jeune).

Mormon fratercula (Temm.); *Fratercula arctica* Vieill., Selby, pl. 83); *Mormon arctica* (Swains.); *Alca arctica* et *labradora* (Gmel., Linn., Lath.).

Pulcinella di mare (Savi).

N. v. s. — *Punnicinedda di mari.*

Cette espèce, des régions polaires de l'Europe et de l'Amérique, s'égare accidentellement jusque sur le littoral de la Sicile et de l'Italie. Ainsi, en 1838, une bande de huit à dix macareux s'est montrée dans le détroit de Messine.

———

Genre PINGOUIN (Cuv., Temm.); *ALCA* (Cuv., Temm., Swains.); Famille des ALCADÉES (Swains.).

PINGOUIN MACROPTÈRE (Temm.); Pingouin commun (Cuv.); Petit pingouin (Buff.); Pingouin (Buff., pl. enl. 1003 en robe d'été, et pl. enl. 1004 en robe d'hiver); Alque pingouin (Vieill., pl. 165, f. 2).

Alca torda (Linn., Cuv., Temm., Vieill., Lath.); *Mormon torda* (Swains.).

Gazza marina (Savi).

N. v. s. — *Carcarazza di mari.*

Cette espèce qui habite les régions septentrionales est de passage pendant l'hiver dans les contrées tempérées et quelques individus se montrent sur les côtes d'Italie et de Sicile. En 1835 un individu a été tué près du littoral de Messine.

ADDITIONS ET ERRATA.

—

Pag. Lig.

8   21 Ajouter : Le succin, ce produit imparfaitement connu
        sous le nom d'ambre jaune, et dont l'origine réelle est
        encore l'objet d'opinions diverses, se recueille sur le
        rivage de Catane ainsi que dans les terrains meubles
        des côtes de Girgenti, d'Alicata et de Terra-Nuova,
        et sert à façonner beaucoup de petits bijoux, prin-
        cipalement des colliers, des boucles d'oreilles, des
        pommes de canne, des embouchures de pipe, etc.
        De fort beaux échantillons jaunes, rougeâtres, verdâtres,
        ou d'un brun jaunâtre, et renfermant des insectes,
        m'ont rappelé l'épigramme de Martial : *De ape electro
        inclusa.*

9   24 Ajouter : Le zoologiste sera aussi curieux d'étudier, sur
        les côtes de la Sicile, notamment dans le détroit de
        Messine, le corail qui s'y multiplie beaucoup et qui
        forme l'objet d'une industrie assez importante. Il vi-
        sitera, à Trapani, les ateliers où le *murex tritonius*
        sert à fabriquer ces camées de coquille qui imitent si
        bien parfois les plus beaux camées de pierre dure.

66 25 Avant (Swains.) ajoutez : *curruca turdoïdes.*
67 12 Avant (Swains.) ajoutez : *curruca locustella.*
68   9 Avant (Swains.) ajoutez : *curruca aquatica.*
 » 29 Avant (Swains.) ajoutez : *curruca phragmitis.*
69 19 Avant (Swains.) ajoutez : *curruca arundinacea.*
70   4 Avant (Swains.) ajoutez : *curruca palustris.*
 » 26 Effacez : (Swains.).
73   5 Effacez : (Swains.).
 » 22 Effacez : (Swains.).

74 29 Avant (Swains.) ajoutez : *philomela luscinia.*
75   7 Avant (Swains.) ajoutez : *philomela sericea.*
 » 22 Avant (Swains.) ajoutez : *philomela orphea.*
76   4 Avant (Swains.) ajoutez : *philomela nisoria.*
 » 19 Avant (Swains.) ajoutez : *philomela atricapilla.*
77   6 Ajoutez : *philomela melanocephala* (Swains.).
84   3 Au lieu de *tithys*, lisez *atrata.*
 » 27, 28 Supprimez : *Curruca phœnicurus* (Swains.).

TABLE MÉTHODIQUE.

—

ORDRE I. — RAPACES.

30

ORDRE III. — GRIMPEURS.

ORDRE IV. — GALLINACÉES.

ORDRE V. — ÉCHASSIERS.

ORDRE VI. — PALMIPÈDES.

FIN DE L'OUVRAGE.

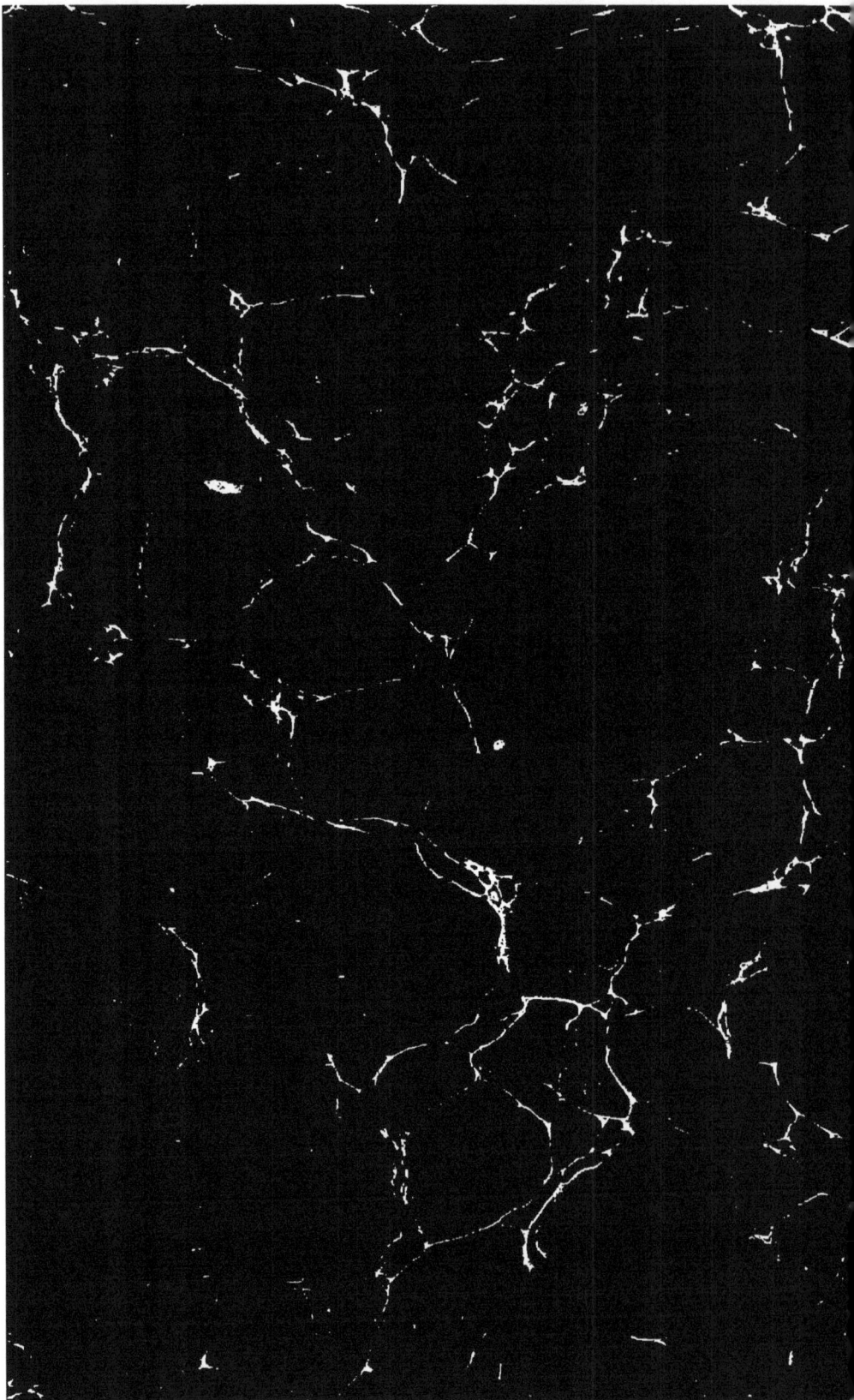

www.ingramcontent.com/pod-product-compliance
Lightning Source LLC
Chambersburg PA
CBHW071638200326
41519CB00012BA/2343